CONTENTS

PICマイコン製作記事全集
アーカイブスシリーズ
[1500頁収録CD-ROM付き]

- ■ 付属CD-ROMの使い方 …………………………………………………… 2
- ■ CD-ROM収録記事一覧 …………………………………………………… 4
- ■ 基礎知識 ……………………………………………………… 執筆：後閑 哲也

　　　　　　誕生の背景と過去のファミリの概要
　第1章　PICマイコンの歴史 ……………………………………………… 10
　　　　　　　　　PICマイコンのリセット機能 ………………………… 18
　　　　　　　　　PICマイコンの電源 …………………………………… 20
　　　　　　現行ファミリの特徴
　第2章　PICマイコンの今とこれから …………………………………… 21
　　　　　　　　　最近のPICでできるようになったこと ……………… 30
　　　　　　　　　ファミリの使い分け …………………………………… 31

- ■ 記事ダイジェスト ………………………………………… 執筆：後閑 哲也

　　　　　　温湿度センサの活用とセキュリティ機器，計測機器，ロボットへの応用事例
　第3章　センサ接続 ………………………………………………………… 32
　　　　　　LED/LCDの駆動方法と製作事例
　第4章　表示器 ……………………………………………………………… 42
　　　　　　インターフェース変換器や独立して動作する機器の設計事例
　第5章　機器設計事例 ……………………………………………………… 48
　　　　　　モータの駆動方法と応用事例
　第6章　モータ制御 ………………………………………………………… 56
　　　　　　音声出力の基本からディジタル信号処理まで
　第7章　オーディオ ………………………………………………………… 60
　　　　　　赤外線通信，RS-232-C，USB，Ethernet
　第8章　コネクティビティ ………………………………………………… 66
　　　　　　電池の電放電器の製作とディジタル制御電源の設計
　第9章　電源制御・管理 …………………………………………………… 72
　　　　　　ライタや開発ボード，ソフトウェア・ツールの自作
　第10章　開発ツール ……………………………………………………… 79
　　　　　　仕様の概要から内蔵機能の活用法まで
　第11章　PICマイコン入門 ……………………………………………… 84
　　　　　　周辺回路で使う部品の基礎と設計事例
　第12章　ハードウェア設計の基礎 ……………………………………… 92

付属CD-ROMの使い方

本誌には，記事PDFを収録したCD-ROMを付属しています．

● ご利用方法

本CD-ROMは自動起動しません．WindowsのExplorerでCD-ROMドライブを開いてください．

CD-ROMに収録されているindex.htmファイルを，Webブラウザで表示してください．記事一覧のメニュー画面が表示されます（図1）．

記事タイトルをクリックすると，記事が表示されます．Webブラウザ内で記事が表示された場合，メニューに戻るときにはWebブラウザの戻るボタンをクリックしてください．

各記事のPDFファイルは，pic_pdfフォルダに収録されています．所望のPDFファイルをPDF閲覧ソフトウェアで直接開くこともできます．

本CD-ROMに収録されているPDFの全文検索ができます．検索するには，CD-ROM内のpic_searchフォルダに収録されているPIC_search.pdxをダブルクリックします．Adobe Readerが起動し，検索ウインドウが開くので，検索したい用語を入力します．結果の一覧から表示したい記事を選択します（図2）．

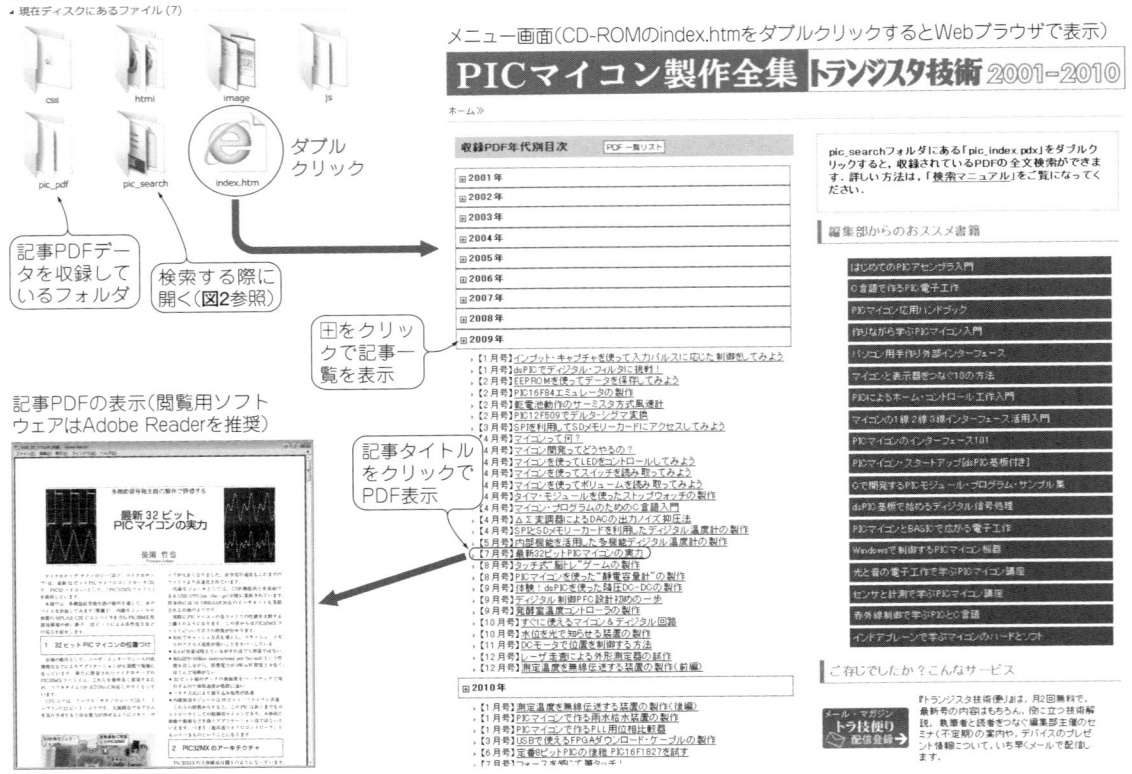

図1 記事の表示方法

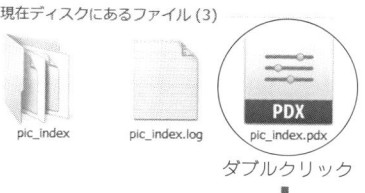
CD-ROMのpic_seachフォルダにあるファイル

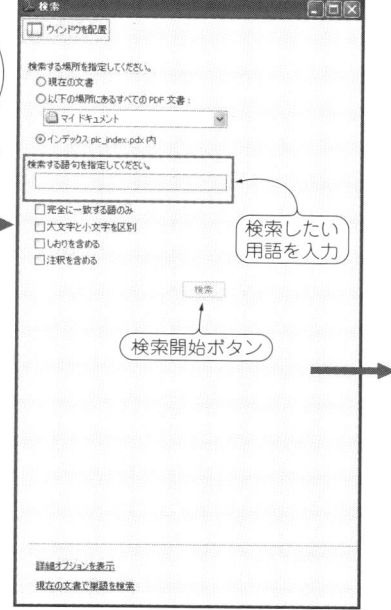
検索ウィンドウ

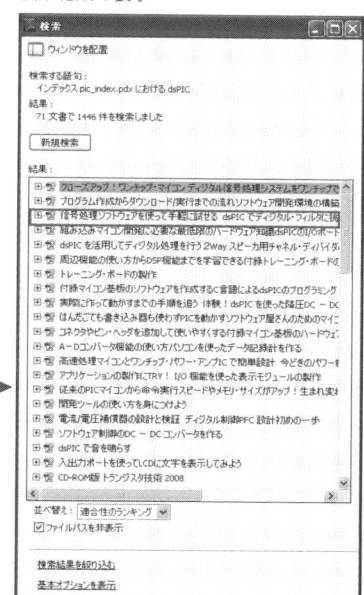
検索結果の表示

図2　記事の検索方法

●利用に当たってのご注意
（1）CD-ROMに収録のPDFファイルを利用するためにはPDF閲覧用のソフトウェアが必要です．PDF閲覧用のソフトウェアは，Adobe社のAdobe Reader最新版のご利用を推奨します．Adobe Readerの最新版はAdobe社のWebサイトからダウンロードできます．
　アドビ社のWebサイト　http://www.adobe.com/jp/
（2）ご利用のパソコンやWebブラウザの環境（バージョンや設定など）によっては，メニュー画面の表示が崩れたり，期待通りに動作しない可能性があります．その際は，PDFファイルをPDF閲覧ソフトウェアで直接開いてください．各記事のPDFファイルは，CD-ROMのpic_pdfフォルダに収録されています．なお，メニュー画面は，Windows 7のInternet Explorer 10，Firefox 22，Chrome 28，Opera 12による動作を確認しています．
（3）メニュー画面の中には，一部Webサイトへのリンクが含まれています．Webサイトをアクセスする際には，インターネット接続環境が必要になります．インターネット接続環境がなくても記事PDFファイルの表示は可能です．

●PDFファイルの表示・印刷に関するご注意
（1）ご利用のシステムにインストールされているフォントの種類によって，文字の表示イメージは本誌掲載時と異なります．また，一部の文字（人名用漢字，中国文字など）は正しく表示されない場合があります．
（2）本誌では回路図などの図面に特殊なフォントを使用していますので，一部の文字（例えば欧文のⅠなど）のサイズがほかとそろわない場合があります．
（3）本誌ではプログラム・リストやCAD出力の回路図などの一部をスキャナによる画像取り込みで掲載している場合があります．PDFではそれらの表示・印刷は細部が見にくくなる部分があります．
（4）PDF化に際して，発行時点で確認された誤植や印刷ミスを修正してあります．そのため，行数の増減などにより，印刷誌面と本文・図表などの位置が変更されている部分があります．
（5）Webブラウザなど，ほかのアプリケーションの中で表示するような場合，Adobe Reader以外のPDF閲覧ソフトウェア（表示機能）が動作している場合があります．Adobe Reader以外のPDF閲覧ソフトウェアでは正しく表示されないことが考えられます．Webブラウザ内で正しく表示されない場合は，Adobe Readerで直接表示してみてください．
（6）古いバージョンのPDF閲覧ソフトウェアでは正しく表示されないことが考えられます．Windows 7のAdobe Reader 11による表示を確認しています．

●本誌付属CD-ROMについてのご注意
　本誌付属のCD-ROMに収録されたプログラムやデータなどは，著作権法により保護されています．従って，特別な表記のない限り，付属CD-ROMを貸与または改変，個人で使用する場合を除き，複写・複製（コピー）はできません．また，付属CD-ROMに収録したプログラムやデータなどを利用することにより発生した損害などに関して，CQ出版社および著作権者は責任を負いかねますのでご了承ください．

CD-ROM収録記事一覧

　本書付属CD-ROMには，トランジスタ技術2001年1月号から2010年12月号までに 掲載されたPICマイコンに関する記事のPDFファイルが収録されています．ただし，著作権者の許可を得られなかった記事や，PICマイコンの話題が含まれていても説明がほとんどない記事，今後の企画で収録予定の記事などは収録されていません．
　本書付属CD-ROMに収録の記事は以下の通りです．収録記事の大部分については，第3章以降で，テーマごとに分類して概要を紹介しています．

発行年/月号	タイトル	シリーズ	ページ	PDFファイル名
2001年 1月号	4倍速PLLモードやクロック切り替え機能の豆知識 **PIC18シリーズのクロック発振回路**	PICマイコン活用情報	4	2001_01_344.pdf
2月号	データ通信に欠かせない同期/非同期シリアル・インターフェース機能 **PICマイコンのUSARTモジュール**	PICマイコン活用情報	7	2001_02_330.pdf
3月号	**第4回PICマイコン・デザイン・コンテスト表彰式レポート**	PICマイコン活用情報	3	2001_03_340.pdf
	PIC16F84とR-2RラダーDACによる **シンプルなチャイム音ジェネレータの製作**		5	2001_03_343.pdf
4月号	タイマの基本構成や動作モードを知って活用しよう！ **PIC16F87xシリーズのタイマ1**	PICマイコン活用情報	5	2001_04_356.pdf
6月号	よく使われる固定小数点演算ルーチンとBCD変換を中心に **PICマイコンの演算ルーチン**	PICマイコン活用情報	7	2001_06_321.pdf
7月号	キャプチャ，コンペア，PWM出力を使ってみよう！ **PIC16F87xシリーズのCCPモジュール**	PICマイコン活用情報 （最終回）	7	2001_07_333.pdf
8月号	**CCS-Cの概要と開発手順**	C言語によるPICマイコン応用ソフトウェアの開発　（前編）	7	2001_08_315.pdf
9月号	PIC16F84専用ライタをExcelのVBAで作ってみよう！ **シリアル・ポート接続型PICライタの製作**		19	2001_09_277.pdf
	単相3線交流用負荷電流モニタの製作	C言語によるPICマイコン応用ソフトウェアの開発　（後編）		2001_09_296.pdf
11月号	パソコンを使わずにLine6社PODをMIDIで制御 **ギター・アンプ・シミュレータ用ポケット・コントローラの製作**		4	2001_11_327.pdf
2002年 1月号	マイコン応用機器の設置値の記録などによく使われる **シリアルEEPROMの実用知識**	特集　メモリIC&メモリ・カードの解明　（第3章 Appendix）	6	2002_01_193.pdf
	Visor用キーボードをMIザウルスに接続する！ **四つ折り携帯キーボード用ザウルス接続アダプタの製作**		13	2002_01_275.pdf
	自動車のスピード信号を利用して走行データを記録する **ドライブ・レコーダの製作**			2002_01_295.pdf
3月号	実際に製作して動作するアイデア作品が勢揃い！ **第5回 PICマイコン・デザイン・コンテスト表彰式レポート**		3	2002_03_297.pdf
6月号	PICラジコン用サーボ3個とPICマイコンだけで作れる！ **簡易2足歩行ロボット「RCメカ・アヒル」の製作**	特集　マイコン応用アイデア製作集　（第1章）	9	2002_06_128.pdf
	PICマイコンとR-2RラダーDACによる **0.1Hz～10kHzのシンプルなDDSの製作**	特集　マイコン応用アイデア製作集　（第7章）	7	2002_06_188.pdf
	IEEE1284のネゴシエーション信号を利用して自動的にON/OFF **プリンタ節電機の製作**	特集　マイコン応用アイデア製作集　（第8章）	8	2002_06_195.pdf
	PIC16F84の扱い方の勘所	特集　マイコン応用アイデア製作集　（第8章 Appendix）	6	2002_06_203.pdf
8月号	USBインターフェースで制御し，Direct Soundで再生する！ **USB接続のAM専用ラジオの製作**		13	2002_08_258.pdf
	ワンチップ・マイコンのソフトウェア開発にちょっぴり役立つ！ **AVR用&PIC用タイニー・デバッグ・モニタ**		5	2002_08_290.pdf
11月号	新しい書き込みモードやI/Oアクセスが厳重なNT系OSに対応する **低電圧PICライタとWindows XP対応PICライタの製作**	特集　新アイディア・ツール製作集　（第1章）	11	2002_11_124.pdf
	2種類のニーモニックに対応しフローチャート出力も可能な **PIC逆アセンブラ「帝 ver.3」の制作**	特集　新アイディア・ツール製作集　（第2章）	3	2002_11_135.pdf
	ハード・ディスク・ドライブ用のモバイル・ラックを使った **なんちゃって計測ラックの製作**	特集　新アイディア・ツール製作集　（第5章）	14	2002_11_157.pdf
2003年 2月号	**-40～+200℃を測れるDS18S20互換アダプタ！**	PIC16F84を使った温度コントローラの製作　（後編）	7	2003_02_269.pdf

発行年/月号		タイトル	シリーズ	ページ	PDFファイル名
2003年	3月号	太陽電池の動作点を制御するMPPT回路が鍵! **6V, 500mAhの太陽電池充放電回路の試作**		8	2003_03_262.pdf
	6月号	実際に動作する22種類のアイデア作品が勢揃い! **第6回 PICマイコン・デザイン・コンテスト表彰式リポート**		3	2003_06_267.pdf
	8月号	従来型・ΔV検出方式の問題点を克服し,1セル独立充電を実現した **ニカド/ニッケル水素電池用急速チャージャの製作**		8	2003_08_239.pdf
		吸気量や吸気管圧を回転数に応じてグラフィック表示する! **エンジン・データ・トレーサの製作**		10	2003_08_247.pdf
	9月号	マイコン用や計測用ソフトウェアの不良原因と対策の実際 **ソフトウェアのトラブル対策**	特集 保存版★電子回路のトラブル対策 (第7章)	5	2003_09_196.pdf
		PIC16F877とストレイン・ゲージを使い,体重移動で自由に操縦できる! **電動スケート・ボードの製作**		9	2003_09_229.pdf
	10月号	コアとコイルだけでDC100μAから,1mAを0.01%F.S.で測れる! **微弱電流の非接触測定技術"MBCS"の基礎と実際**		15	2003_10_195.pdf
		自動車用タコメータをPICマイコンで制御する **交差コイル型メータの駆動実験**		6	2003_10_235.pdf
	11月号	基準電圧の設定ミスで誤変換していませんか? **PICマイコンの内蔵A-Dコンバータのトラブル解決記**		5	2003_11_234.pdf
		「一目でわかる音程チェッカ」の心臓部の動作原理 **音声の音程をシンプルな回路で測定する方法**		4	2003_11_239.pdf
	12月号	動作原理を知って湿度センサを使いこなそう! **湿度センサの実用知識とセンサICによる試作**	特集 新時代のセンサ入門 (第4章)	12	2003_12_159.pdf
2004年	1月号	本格的な制御プログラムを作らずに機器を簡単に制御できる! **簡易GP-IBコントローラの製作**		13	2004_01_236.pdf
	3月号	汎用性を高めたPICマイコンのクロック回路/便利なリアルタイム・クロックICとマイコンの接続回路 (3題)/転送速度別USBコントローラICを使用した回路例 (3題)	今月の定番・アイディア回路	6	2004_03_270.pdf
	7月号	入力2.0～6.5Vに対し出力3.3Vをキープ! **PICマイコンで作る昇降圧コンバータ**		5	2004_07_274.pdf
	10月号	H8/PICマイコンをすぐに活用するためのチップスとプログラム・モジュール **ワンチップ・マイコン 活用便利帳**	特集 保存版★エレクトロニクス設計便利帳 (第3章)	18	2004_10_158.pdf
2005年	1月号	WAVEファイルなどのオーディオ・データを受信・再生できる **FT245BMを使ったUSBスピーカの製作**	特集 すぐに使えるUSBデバイス&応用 (第6章)	7	2005_01_159.pdf
		外付けROM用端子を利用して直接書き込む **PIC16F84でアルテラ社FPGAをコンフィギュレーション**		8	2005_01_265.pdf
	2月号	PICマイコンで安価に作れ拡張性に富む **簡単シリアル⇔GP-IB変換アダプタの製作**		6	2005_02_242.pdf
	4月号	**ドア・アラームの製作**	連載 やってみようPICマイコン! (第1回)	7	2005_04_261.pdf
	5月号	**通行回数カウンタ**	連載 やってみようPICマイコン! (第2回)	6	2005_05_246.pdf
	6月号	**暗証番号式ドア・アラーム**	連載 やってみようPICマイコン! (第3回)	5	2005_06_230.pdf
	7月号	PIC16F84から16F87xへ移行する際の落とし穴 **PICのEEPGDビットと入力ロジック・レベルの怪**		5	2005_07_279.pdf
	8月号	ワンチップ・マイコン周辺に使う電子部品の種類とその理由 **マイコン周辺の電子部品選び コモンセンス**	特集 電子部品選びのコモンセンスABC (第1章)	11	2005_08_123.pdf
		室内の状態モニタ装置の製作	連載 やってみようPICマイコン! (第5回)	8	2005_08_240.pdf
	9月号	過放電/過充電による電池の劣化を防ぐ **充放電コントローラの製作**	特集 太陽電池応用製作への誘い (第3章)	12	2005_09_142.pdf
		6.5×10cmの小容量型による日中の充電で1時間動作する **人体センサを使った自動ON/OFFライトの製作**	特集 太陽電池応用製作への誘い (第4章)	10	2005_09_154.pdf
		日照量や気温によって変動する最大出力電力条件に追従する **太陽電池をフルパワー発電させるMPPTの製作**	特集 太陽電池応用製作への誘い (第5章)	11	2005_09_164.pdf
		ガラス破り検出器の製作	連載 やってみようPICマイコン! (第6回)	9	2005_09_247.pdf
	10月号	**4入力モニタ付き警報装置の製作**	連載 やってみようPICマイコン! (第7回)	10	2005_10_257.pdf
	11月号	**夜間撮影も可能! 侵入者録画装置の製作**	連載 やってみようPICマイコン! (第8回)	6	2005_11_249.pdf
		市販の簡易チェッカの欠点を改善した **NiMH蓄電池の充電不足チェッカの製作**		7	2005_11_255.pdf
		PICマイコンのプログラムが書き換わってしまう!? **電池脱着時のリセット・トラブル対策**		4	2005_11_269.pdf
	12月号	**万能センサBOXの製作**	連載 やってみようPICマイコン! (第9回)	8	2005_12_257.pdf

発行年/月号		タイトル	シリーズ	ページ	PDFファイル名
2006年	1月号	心拍数やストレスをパソコン画面で確認 **心電計の製作**		11	2006_01_223.pdf
		餌やりロボットの製作(前編)	連載 やってみようPICマイコン!(第10回)	4	2006_01_258.pdf
	2月号	順電圧のばらつきに対応して多数のLEDを駆動するために **高輝度LEDの特性と駆動方法**	特集 基礎からのLED活用テクニック (第2章)	7	2006_02_129.pdf
		発熱に配慮して効率良く駆動するために **パワーLEDの特性と駆動方法**	特集 基礎からのLED活用テクニック (第3章)	6	2006_02_136.pdf
		餌やりロボットの製作(後編)	連載 やってみようPICマイコン!(最終回)	7	2006_02_241.pdf
	6月号	パソコンと通信するときはこれで決まり! **RS-232インターフェースの詳細と実例**	特集 マイコン・シリアル通信ハンドブック (第2章)	23	2006_06_115.pdf
		内蔵シリアル通信モジュールを使わない, 使えないときに役立つ **汎用入出力ポートを使ったシリアル通信のテクニック**	特集 マイコン・シリアル通信ハンドブック (第3章)	6	2006_06_140.pdf
		1本でデータ通信と電源供給を行う1-Wireインターフェース	特集 マイコン・シリアル通信ハンドブック (Appendix)	3	2006_06_168.pdf
	8月号	USBバス・パワーから±0〜±13Vを出力できる **USB実験用プログラマブル電源の製作**	特集 パソコンで作る私だけの実験室 (第5章)	11	2006_08_164.pdf
		最小パルス幅20ns, 8チャネルのディジタル信号を解析&発生する **USBロジック・アナライザ&パターン・ジェネレータの製作**	特集 パソコンで作る私だけの実験室 (第6章)	12	2006_08_175.pdf
	9月号	アナログ/ディジタル各8チャネルを入力できる汎用マイコン基板 **センサ・モジュールの回路設計**	特集 5自由度アーム付き自走ロボットの製作 (第4章)	7	2006_09_149.pdf
		多点接続で統括制御モジュールと確かな通信をするために **センサ・モジュールのデータ通信設計**	特集 5自由度アーム付き自走ロボットの製作 (第5章)	8	2006_09_156.pdf
	10月号	ディジタル信号処理システムをワンチップで構築! **汎用マイコンのように使えるDSP「dsPIC」誕生**	連載 クローズアップ!ワンチップ・マイコン (第6回)	8	2006_10_171.pdf
2007年	2月号	PICマイコンによるWindows形式のファイル・システムを実現する **CFカード制御プログラム開発用の実験ボード**	特集 実験研究!大容量メモリ・カード (第5章)	21	2007_02_160.pdf
		LANにつながる汎用入出力ユニットを製作! **イーサネットに直結!PIC18F67J60**	連載 クローズアップ!ワンチップ・マイコン (第10回)	9	2007_02_181.pdf
		電池2組によるバックアップ機能を簡単に実現!メモリ効果対策も可能 **充放電制御&電源セレクタ MAX1538**	連載 Hot Device Report	8	2007_02_190.pdf
	3月号	USB経由で使えるSPIデバイス・リーダ&ライタに応用 **USBに直結!PIC18F4550**	連載 クローズアップ!ワンチップ・マイコン (第11回)	9	2007_03_181.pdf
	6月号	PWM駆動に一工夫! **PICを使ったブレーキ機能付きモータ・コントローラ**		6	2007_06_250.pdf
	7月号	はんだごても書き込み器も使わずPICを動かす **ソフトウェア屋さんのためのマイコン入門**		7	2007_07_199.pdf
	8月号	**マイコン・プログラミングの世界へようこそ!**	特集 PICで体験するマイコンの世界 (イントロダクション)	7	2007_08_098.pdf
		はんだ付けも書き込み器も不要…付録基板をすぐに動かしてみよう! **付録マイコン基板の動作テストと通信テスト**	特集 PICで体験するマイコンの世界 (第1章)	8	2007_08_105.pdf
		プログラム作成からダウンロード/実行までの流れ **ソフトウェア開発環境の構築と使用方法**	特集 PICで体験するマイコンの世界 (第2章)	13	2007_08_113.pdf
		コネクタやピン・ヘッダを追加して使いやすくする **付録マイコン基板のハードウェアと拡張方法**	特集 PICで体験するマイコンの世界 (第3章)	7	2007_08_126.pdf
		組み込みマイコン開発に必要な最低限のハードウェア知識 **dsPICのI/Oポートの概要とプログラム書き込みの方法**	特集 PICで体験するマイコンの世界 (第4章)	9	2007_08_133.pdf
		付録マイコン基板のソフトウェアを作成する **C言語によるdsPICのプログラミング**	特集 PICで体験するマイコンの世界 (第5章)	5	2007_08_142.pdf
		アプリケーションの製作にTRY! **I/O機能を使った表示モジュールの製作**	特集 PICで体験するマイコンの世界 (第6章)	12	2007_08_147.pdf
		外付け回路不要のカラー・センサ・モジュールを使った **簡易カラー・メータの製作**		6	2007_08_206.pdf
		サマー・キャンプに最適! **きもだめし用怪音&怪光発生装置の製作**		5	2007_08_218.pdf
	9月号	周辺機能の使い方からDSP機能までを学習できる **付録トレーニング・ボードの組み立てと使い方**	特集 新生PICマイコン・トレーニング (第1章)	10	2007_09_101.pdf
		従来のPICマイコンから命令実行スピードやメモリ・サイズがアップ! **生まれ変わったPICマイコン**	特集 新生PICマイコン・トレーニング (Appendix A)	3	2007_09_111.pdf
		A-Dコンバータ機能の使い方 **パソコンを使ったデータ記録計を作る**	特集 新生PICマイコン・トレーニング (第2章)	9	2007_09_114.pdf
		タイマ機能の使い方 **液晶表示のディジタル時計を作る**	特集 新生PICマイコン・トレーニング (第3章)	5	2007_09_123.pdf
		アウトプット・コンペア機能の使い方 **dsPICマイコンから音を出す**	特集 新生PICマイコン・トレーニング (第4章)	6	2007_09_128.pdf

発行年/月号		タイトル	シリーズ	ページ	PDFファイル名
2007年	9月号	PWM/PWM復調実験のための **トレーニング・ボードとパソコンの信号レベルの調整**	特集 新生PICマイコン・トレーニング（Appendix B）	2	2007_09_134.pdf
		アナログ信号の加工をデジタルで！プログラミングで！ **DSP機能を初体験**	特集 新生PICマイコン・トレーニング（第5章）	9	2007_09_136.pdf
		4種類の高性能フィルタをdsPICに組み込む **アナログ回路には真似のできない信号処理を体験**	特集 新生PICマイコン・トレーニング（第6章）	8	2007_09_145.pdf
		通過特性と遮断特性をスムーズに変化させる **動作中にフィルタ特性を切り替える**	特集 新生PICマイコン・トレーニング（第7章）	6	2007_09_153.pdf
		固定小数点演算とオーバーフロー	特集 新生PICマイコン・トレーニング（Appendix C）	2	2007_09_159.pdf
		ディジタル・フィルタの周波数精度や出力のSN比を改善する	特集 新生PICマイコン・トレーニング（Appendix D）	2	2007_09_161.pdf
	10月号	**dsPICでスイッチの状態を読み取る**	連載 dsPIC応用のためのヒント（第1回）	4	2007_10_226.pdf
	11月号	**dsPICで音を鳴らす**	連載 dsPIC応用のためのヒント（第2回）	4	2007_11_242.pdf
	12月号	低雑音/低ドリフトA-D変換回路との組み合わせで見えてくる **速度計測アプリケーションの可能性**	特集 加速度センサ応用製作への誘い（第5章）	8	2007_12_133.pdf
		3軸加速度/脈波/位置をZigBeeで飛ばして地図表示 **GPS搭載のジョギング体調モニタ**	特集 加速度センサ応用製作への誘い（第6章）	6	2007_12_141.pdf
		割り込み関数を使う	連載 dsPIC応用のためのヒント（第3回）	2	2007_12_256.pdf
2008年	1月号	正弦波/方形波発振ICからメロディICまで **発振/信号生成用ワンチップ**	特集 マイコンで作るワンチップIC集（第2章）	8	2008_01_108.pdf
		多機能充電ICから出力電圧可変のDC-DCコンバータ制御ICまで **電源用ワンチップ**	特集 マイコンで作るワンチップIC集（第3章）	8	2008_01_116.pdf
		シリアル・パラレル変換からSPI-UART変換まで **インターフェース＆データ変換用ワンチップ**	特集 マイコンで作るワンチップIC集（第4章）	14	2008_01_124.pdf
		アナログ信号の取り込みとビデオ信号生成を同時に **16ビットPICマイコン PIC24F**	ワンチップ・マイコン探訪	9	2008_01_185.pdf
		制御ICを介さずに消費電流数十μAを実現！ **PICでLCDパネルを直接駆動**		7	2008_01_201.pdf
	2月号	バッテリレスの無線タグ・システムを製作 **低消費電力マイコン PIC12F629**	ワンチップ・マイコン探訪	9	2008_02_184.pdf
		dsPIC応用のためのヒント **パソコンから付録基板にデータを転送する**	連載 dsPIC応用のためのヒント（第4回）	4	2008_02_264.pdf
	3月号	**少ない命令サイクルで遅延を実現するVectorCopy**	連載 DSP関数を使ってみよう（第1回）	4	2008_03_204.pdf
	4月号	**トレーニング・ボードの製作**	連載 Cによるマイコン操作術（第1回）	10	2008_04_187.pdf
		特定の周波数成分を抽出するFFTComplexIP関数	連載 DSP関数を使ってみよう（第2回）	4	2008_04_226.pdf
		ノイズ発生が小さいAC100V ON/OFF制御型 **小電力タイプ対応のはんだごて温度調節器**		5	2008_04_256.pdf
	5月号	**開発ツールの使い方を身につけよう**	連載 Cによるマイコン操作術（第2回）	8	2008_05_198.pdf
		周波数成分を昇順にソートして大きさをLCDに表示する	連載 DSP関数を使ってみよう（第3回）	4	2008_05_220.pdf
	6月号	**入出力ポートでLEDを点滅させる**	連載 Cによるマイコン操作術（第3回）	8	2008_06_177.pdf
		積和演算を行うVectorDotProduct関数でIIR型LPFを作る	連載 DSP関数を使ってみよう（第4回）	4	2008_06_236.pdf
		6ピンPICマイコン10F222を使った **2色LEDの輝度を同時に変えられるLEDドライバ**	マイコンで作るワンチップIC（第1回）	1	2008_06_256.pdf
		DIP品が数多く用意されている手軽なローエンド・マイコン **PICマイコン 16F84Aほか**	定番部品を再チェック（第1回）	1	2008_06_259.pdf
	7月号	**入出力ポートを使ってLCDに文字を表示してみよう**	連載 Cによるマイコン操作術（第4回）	8	2008_07_174.pdf
		IIRフィルタを縦続接続して演算するIIRTransposed関数	連載 DSP関数を使ってみよう（第5回）	4	2008_07_220.pdf
		グラフィックLCD表示のディジタル時計の製作 **フル・ブリッジPWM機能内蔵の20ピンPIC 16F690**	ワンチップ・マイコン探訪	7	2008_07_227.pdf
		IP電話のしくみを使ったLAN専用「VoIPインターホン」	dsPIC マイコン基板デザイン・コンテスト審査結果	8	2008_07_234.pdf
		USBインターフェース内蔵のPIC18F2550を使った **アナログ-USBコンバータ**	マイコンで作るワンチップIC（第2回）	1	2008_07_260.pdf

発行年/月号	タイトル	シリーズ	ページ	PDFファイル名
2008年 8月号	割り込みを使ってLCDとLEDを動かしてみよう	連載　Cによるマイコン操作術（第5回）	8	2008_08_194.pdf
	FIR関数を使って急峻な減衰特性のロー・パス・フィルタを作る	連載　DSP関数を使ってみよう（第6回）	4	2008_08_224.pdf
	8ピンPICマイコン12F683を使った 電子音らしくない音色のメロディIC	マイコンで作るワンチップIC（第3回）	1	2008_08_260.pdf
9月号	タイマを使って時刻を表示してみよう	連載　Cによるマイコン操作術（第6回）	10	2008_09_208.pdf
	VectorDotProduct関数で適応型フィルタを作る	連載　DSP関数を使ってみよう（第7回：最終回）	4	2008_09_244.pdf
	18ピンPICマイコン16F648を使った 多機能なキーボード・コントローラ	マイコンで作るワンチップIC（第4回）	2	2008_09_248.pdf
10月号	電力制御の基礎からモータ/リレー/AC制御の応用回路まで パワー回路の考え方・作り方	特集　マイコン周辺回路 基礎からの学習　（第3章）	12	2008_10_124.pdf
	USB, RS-232-C, イーサネット, I²C, SPI, 赤外線 通信回路の種類と作り方	特集　マイコン周辺回路 基礎からの学習　（第4章）	27	2008_10_136.pdf
	A-Dコンバータを使って温度を測ってみよう	連載　Cによるマイコン操作術（第7回）	9	2008_10_207.pdf
	dsPICを活用してデジタル処理を行う 2Wayスピーカ用チャネル・ディバイダの製作		10	2008_10_245.pdf
	I²Cインターフェース内蔵PIC16F819を使った 8564互換の多機能なリアルタイム・クロック	マイコンで作るワンチップIC（第5回）	1	2008_10_264.pdf
	可変抵抗を使ったセンサの信号を正確に読み取る 大きな出力抵抗の信号をマイコンのA-Dに取り込む	アナログ回路定石集（第5回）	1	2008_10_266.pdf
11月号	UARTを使ってシリアル通信制御をしてみよう	連載　Cによるマイコン操作術（第8回）	10	2008_11_201.pdf
	PIC16F690を使った 文字表示用のグラフィックLCDコントローラ	マイコンで作るワンチップIC（第6回：最終回）	2	2008_11_264.pdf
12月号	アウトプット・コンペアを使ってパルスを出力してみよう	連載　Cによるマイコン操作術（第9回）	10	2008_12_203.pdf
2009年 1月号	インプット・キャプチャを使って入力パルスに応じた制御をしてみよう	連載　Cによるマイコン操作術（第10回）	8	2009_01_179.pdf
	信号処理ソフトウェアを使って手軽に試せる dsPICでデジタル・フィルタに挑戦！		9	2009_01_261.pdf
2月号	EEPROMを使ってデータを保存してみよう	連載　Cによるマイコン操作術（第11回）	10	2009_02_213.pdf
	CPLDで作ったPIC12F508エミュレータの拡張 PIC16F84エミュレータの製作		6	2009_02_240.pdf
	ノイズ対策のフィルタにDSP機能を活用する 乾電池動作のサーミスタ方式風速計		8	2009_02_246.pdf
	アプリケーション・ノートAN700を参考に PIC12F509でデルタ-シグマ変換		2	2009_02_258.pdf
3月号	SPIを利用してSDメモリーカードにアクセスしてみよう	連載　Cによるマイコン操作術（第12回）	7	2009_03_223.pdf
4月号	マイコンの主な用途から内部動作の詳細まで マイコンって何？	特集　これなら分かる!!PICマイコン　（第1章）	14	2009_04_084.pdf
	C言語によるPICマイコンのプログラム作成手順をマスタする マイコン開発ってどうやるの？	特集　これなら分かる!!PICマイコン　（第2章）	11	2009_04_098.pdf
	I/Oポートを使った出力制御の基礎の基礎 マイコンを使ってLEDをコントロールしてみよう	特集　これなら分かる!!PICマイコン　（第3章）	10	2009_04_109.pdf
	I/Oポートを使った入力制御の基礎の基礎 マイコンを使ってスイッチを読み取ってみよう	特集　これなら分かる!!PICマイコン　（第4章）	9	2009_04_119.pdf
	A-Dコンバータを使ったアナログ入力の基礎の基礎 マイコンを使ってボリュームを読み取ってみよう	特集　これなら分かる!!PICマイコン　（第5章）	8	2009_04_128.pdf
	タイマ割り込みを使った割り込みプログラムの基礎の基礎 タイマ・モジュールを使ったストップウォッチの製作	特集　これなら分かる!!PICマイコン　（第6章）	12	2009_04_136.pdf
	これだけは知っておきたい基礎の基礎 マイコン・プログラミングのためのC言語入門	特集　これなら分かる!!PICマイコン　（第7章）	6	2009_04_148.pdf
	量子化値やフィルタによる違いをdsPICで実験 ΔΣ変調器によるDACの出力ノイズ抑圧法		10	2009_04_162.pdf
	SPIとSDメモリーカードを利用したデジタル温度計の製作	連載　Cによるマイコン操作術（第13回）	6	2009_04_194.pdf
5月号	内部機能を活用した多機能デジタル温度計の製作	連載　Cによるマイコン操作術（第14回：最終回）	8	2009_05_195.pdf
7月号	多機能信号発生器の製作で評価する 最新32ビットPICマイコンの実力		11	2009_07_170.pdf

発行年/月号	タイトル	シリーズ	ページ	PDFファイル名
2009年 8月号	抵抗膜式タッチ・パネルとLCDで簡単にできる **タッチ式"脳トレ"ゲームの製作**	特集 タッチ・パネルのしくみと使い方 (第7章)	10	2009_08_133.pdf
	静電容量タッチ・センサの原理と使い方が分かる **PICマイコンを使った"静電容量計"の製作**	特集 タッチ・パネルのしくみと使い方 (第8章)	10	2009_08_143.pdf
9月号	実際に作って動かすまでの手順を追う **体験!dsPICを使った降圧DC-DCの製作**	特集 ディジタル制御で広がるパワエレの世界 (第4章)	19	2009_09_101.pdf
	電流/電圧補償器の設計と検証 **ディジタル制御PFC設計初めの一歩**	特集 ディジタル制御で広がるパワエレの世界 (第7章)	9	2009_09_145.pdf
	発酵室温度コントローラの製作	連載 電気で農業と農村生活を快適に! (第2回)	6	2009_09_206.pdf
10月号	キー入力, LED, LCD, シリアル通信, フィルタ回路などを網羅 **すぐに使えるマイコン&ディジタル回路**	特集 すぐに使える! 実用回路集 (第1章)	24	2009_10_052.pdf
	水位を光で知らせる装置の製作	連載 電気で農業と農村生活を快適に! (第3回)	6	2009_10_160.pdf
11月号	PICでフィードバック制御を実験 **DCモータで位置を制御する方法**		6	2009_11_218.pdf
12月号	光学スキャナ・モジュールを使ってみよう **レーザ走査による外形測定器の試作**		7	2009_12_151.pdf
	測定温度を無線伝送する装置の製作 (前編)	連載 電気で農業と農村生活を快適に! (第5回)	6	2009_12_166.pdf
2010年 1月号	**測定温度を無線伝送する装置の製作 (後編)**	連載 電気で農業と農村生活を快適に! (第6回)	6	2010_01_183.pdf
	タンクの水位検出と加圧ポンプ/水道の開け閉めを自動制御 **PICマイコンで作る雨水給水装置の製作**		9	2010_01_208.pdf
	AMラジオの局部発振器に使える **PICマイコンで作るPLL用位相比較器**		5	2010_01_217.pdf
3月号	市販のPICマイコン基板とフリー・ソフトでJTAGに変換 **USBで使えるFPGAダウンロード・ケーブルの製作**		10	2010_03_191.pdf
6月号	消費電流50%オフ, コード・サイズ20%オフ **定番8ビットPICの後継 PIC16F1827を試す**		8	2010_06_160.pdf
7月号	1ON以下を高精度に測れる圧力センサHFD-10Aを使った, 押した強さが分かるタッチ・パネル **フォースを感じて筆タッチ!**		6	2010_07_182.pdf
	5.5V定格のICに12Vが加わる?!	連載 失敗は成功の母	2	2010_07_222.pdf
8月号	PID制御の弱点, ドリフトとノイズを克服! **マイコンに負荷モデルを組み込むオブザーバ制御の研究**		9	2010_08_191.pdf
10月号	マイコンによるきめ細かい制御で省電力化と高性能化を両立 **今どきのパワー・エレクトロニクス**	特集 実験解説! ソフトでソフトなパワー制御 (第1章)	15	2010_10_070.pdf
	高速処理マイコンとワンチップ・パワー・アンプICで簡単設計 **今どきのパワー制御を体験できる実験ボードを作る**	特集 実験解説! ソフトでソフトなパワー制御 (第2章)	11	2010_10_085.pdf
	希望の温度に素早く収束させる制御を体験する **ヒータと温度センサで水温を上げ下げする実験**	特集 実験解説! ソフトでソフトなパワー制御 (第3章)	10	2010_10_096.pdf
	3色LEDの色合いと輝度をスムーズに変えるテクニック **マイコン制御のLED電気スタンドを作る**	特集 実験解説! ソフトでソフトなパワー制御 (第4章)	10	2010_10_106.pdf
	電圧と周波数を上手に制御して低速から高速までスムーズに **マイコンによるモータの回転コントロール**	特集 実験解説! ソフトでソフトなパワー制御 (第5章)	12	2010_10_116.pdf
	ディジタル・フィルタリングとPWM生成のテクニック **音質調整機能付き高性能パワー・アンプの製作**	特集 実験解説! ソフトでソフトなパワー制御 (第6章)	11	2010_10_128.pdf
	刻々と変化する発電と充電状態をパソコンに転送&解析 **太陽光パネルによる鉛蓄電池の高効率充電**	特集 実験解説! ソフトでソフトなパワー制御 (第7章)	9	2010_10_139.pdf
	電源ONで実験ボードを動作状態にする **dsPICマイコンの初期設定**	特集 実験解説! ソフトでソフトなパワー制御 (Appendix A)	3	2010_10_148.pdf
	シンプルかつ高精度な電源が作れる **誤差増幅回路をマイコンに作り込む方法**	特集 実験解説! ソフトでソフトなパワー制御 (Appendix B)	3	2010_10_151.pdf
	オリンピック・レベルから趣味レベルまで, 人間の動きを測るエレクトロニクス **加速度センサでスポーツ解析**		8	2010_10_172.pdf
11月号	電気二重層キャパシタで低消費電力のマイコンとメモリを動かす **1F, 5.5Vで1.7時間連続動作! ソーラ・データ・ロガーの製作**	特集 実験研究! お手軽発電デバイス (第4章)	5	2010_11_151.pdf
	ディジタル化のメリットと専用マイコン	短期集中連載 ソフトウェア制御スイッチング電源の研究 (第1回)	5	2010_11_180.pdf
12月号	位置センサ, モータ, ドライバが一体になった **ホビー用RCサーボの使い方**	はじめてのモーション・コントロール (第1回)	8	2010_12_188.pdf
	I/Oピンを節約できる **通信線1本で100kbps! EEPROM 11LC/11AAファミリ**		5	2010_12_196.pdf
	ソフトウェア制御のDC-DCコンバータを作る	短期集中連載 ソフトウェア制御スイッチング電源の研究 (第2回)	10	2010_12_228.pdf

第1章　PICマイコンの歴史

誕生の背景と過去のファミリの概要
後閑 哲也

ここでは，現在では有名になった「PICマイコン」が誕生したいきさつと，それが有名になるまでの歴史と経緯を解説していきます．

PICマイコンの生い立ち

PICマイコンの誕生は1970年ごろにさかのぼります．このころにケーブル・テレビおよび半導体の会社だった米国General Instrument社(GI社)の一部門Microelectronics Divisionでは，CP1600という16ビット・コンピュータを使って，テレビ・ゲームなどの半導体製品を開発していました．またこの部門では，EEPROMの技術開発も進めていました．PICマイコンの優れたEEPROMやフラッシュ・メモリは，この技術力が基盤にあるといえます．

CP1600コンピュータはかなり高性能だったようですが，入出力機能が弱く，これを補うために8ビットのマイクロコントローラを1975年ごろに開発しました．

このときのコントローラは，16ビット・コンピュータの入出力を高速に実行するだけでよかったので，単純な機能のマイクロコードを持ったRISC(Reduced Instruction Set Computer)型コントローラとして開発されました．このときのアーキテクチャがその後の「PIC16C5x」ファミリの基になっています．

1977年に，GI社から提供されたこのマイクロコントローラのカタログが図1-1です．型番がPIC1650(40ピンのROM内蔵品で製品用)とPIC1664(64ピンのROMなし品で開発用)となっています．

このときのPICの呼称は「Programmable Intelligent Computer」となっていますが，その後，マイコンの周辺機能をつかさどるという役割から「Peripheral Interface Controller」と呼ぶことにしたようです．

このデータシートに記載されているPIC1650の内部構成を図1-2に示します．最高1MHzまでのクロック発振回路を持っていて，外付けのRCで周波数を設定しています．入出力ピンは，現在のPICマイコンと同じようにメモリと同じ扱いのレジスタです．4個の8ビット・レジスタがありますから，合計で32本の入出力ピンを持ち，1ピンごとに入出力を設定できるようになっています．

特筆すべきは，このとき既にWeek Pullup機能を持ち，さらに入出力ドライバ用の電源が独立になっていて，最大10Vまで許容し，駆動電流も14mA以上を可能にしていることです．

命令数は30個で，現在の命令と同じ機能です．2レベルのスタック・メモリを持ち，サブルーチン機能を可能にしていました．タイマはRTCCが1個だけで，現在のタイマ0となります．

マイクロチップ・テクノロジー社の誕生

PICマイコンの誕生から数年間は，PICの市場は小さなものでした．そんな中，1980年の初めころGI社が経営をコア事業であるケーブル・テレビとパワー半導体に絞るため大規模なリストラを行いました．この中で，Microelectronics Divisionも子会社化され，「GI Microelectronics Inc.」となりましたが，結局1985年に会社ごとベンチャ・キャピタルに売却されてしまいました．

新たな経営陣は，新会社の事業をPICとEPROMに

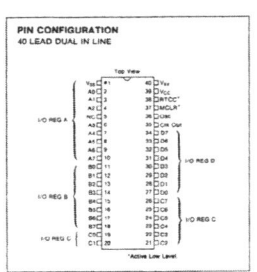

図1-1　1977年のGI社のPICのデータシート

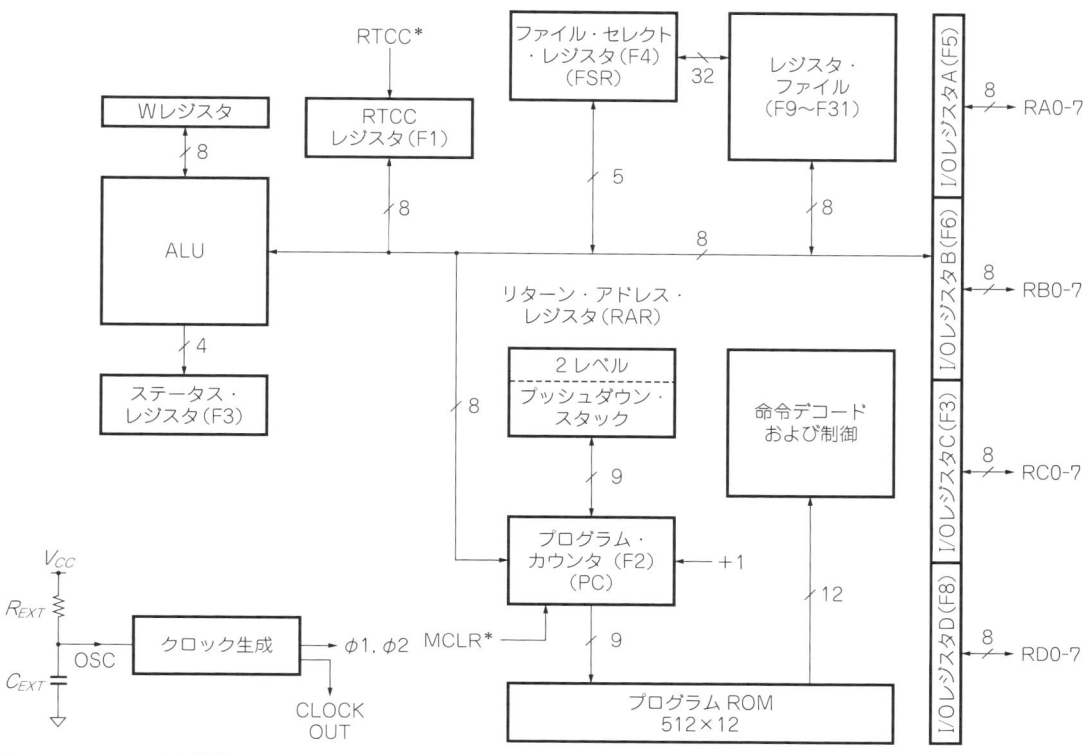

図1-2 PIC1650の内部構成

絞ることにし，1978年，他社との差別化を図るためPICを設計し直し，得意としていたEPROMのプログラム・メモリを内蔵したCMOS構成のものとしました．これが，PIC16C52/53/54/55で，現在のユーザ・プログラム可能なPICファミリの起源となっています．

基本アーキテクチャとして，PIC1650のアーキテクチャを継承し，20 MHzという高速動作を可能にしています．

そして，1989年社名を「Microchip Technology Inc.」と改め，ここで現在のマイクロチップ・テクノロジー社が誕生したことになります．

この8ビットのマイクロコントローラは，20 MHzという高速動作で，どの入出力ピンも20 mAという大電流を直接ドライブできるという他社にない特徴と，低価格という価格戦略で出荷数量を拡大していきました．

これを元に，新たなPICマイクロコントローラを開発していき，1992年時点で発売されていたPICファミリは，

- 12ビット命令幅のベースライン・ファミリがPIC16C52/53/54/55（4種類）
- 命令長が14ビットでA-Dコンバータを内蔵し，割り込み機能を持たせて大幅に機能強化したミッドレンジ・ファミリがPIC16C71（1種類）
- 最高性能の命令長が16ビットのハイエンド・ファ

ミリがPIC17C42（1種類）

で，合計6種類のファミリとなっていました．しかし，PIC17C42のアーキテクチャは下位ファミリとの互換性がなかったため，あまり使われることはなく，現在では製品ラインナップにも含まれていません．

これらのデバイスはで，一度しか書き込みができないOTP（One Time Programmable）タイプでした．このため開発時には，**写真1-1**のような紫外線消去タイプの窓付きのデバイスを使っていました．

プログラム開発の際には，ICソケットを実装した基板を使い，窓付きのPICマイコンを「イレーザ」を

写真1-1 紫外線消去タイプのPICマイコン

使って紫外線で消去してから，「プログラマ」と呼ばれる道具でプログラムを書き込んで差し替えるという作業を繰り返していました．この消去，再書き込み作業にけっこう時間がかかるため，プログラム開発作業の効率はあまり良いものとはいえませんでした．

このころの書き込み用プログラマには，「PIC Pro II」が使われており，デバッグ用エミュレータには「PICMASTER」が使われていましたが，いずれもけっこう高価なものでした．

プログラム開発は，MPLAB IDEはまだできていませんでしたから，パソコンやミニコンピュータなどの汎用エディタでプログラムを記述し，MPASMアセンブラかサードパーティ製のCコンパイラを使ってコンパイルし，書き込み専用のプログラムを使ってプログラマで書き込むという作業で行われていました．まだWindows 3.1が出たばかりのころですから，MS-DOS環境での開発が主だったようです．

PIC16C84の登場

マイクロチップ社のPICマイコンが一躍有名になったのは，1993年に新たに開発されたEEPROMを使ったPIC16C84が登場してからです．

このデバイスは，電気的に消去可能でシリアル・インターフェースで再プログラム可能だったため，基板にデバイスを実装した後でもプログラムの書き換えが可能でした．つまり，製品ハードウェアの開発完了後でもプログラムのデバッグを繰り返し行うことができるという画期的なものでした．この特徴から開発者たちが好んで使うようになり，急激に出荷数量を拡大していったのです．

写真1-2が，PIC16C84の外観です．18ピンという小型のマイクロコントローラです．

この1993年には，大量生産の需要に応えるため，アリゾナ州Tempeに半導体工場を設立し，同時に株式を公開しています．この時点からマイクロチップ社の急激な成長が始まりました．

日本への進出

日本にPICマイコンが紹介されたのは，1994年からです．この年に，マイクロチップ社によるセミナが開催されています．残念ながら，筆者はこのセミナには参加していませんが，受講された方々のインパクトは非常に大きなものだったようです．

日本にPICマイコン・ブームを引き起こしたのは，何といっても「トランジスタ技術1995年12月号」の「特集 ワンチップ・マイコンで行こう！」だと思います（**図1-3**）．ここでPIC16C84に関するすべての情報が詳細に紹介され，書き込み用プログラマの自作方法や実際のPICマイコンを使った製作事例も紹介されていました．

また，マイクロチップ社が個人などの少ロット・ユーザにも門戸を開いたことも，PICマイコンが広がる大きなきっかけになったのだと思います．

既に，国内にもワンチップ・マイコンと呼ばれるデバイスはけっこうあったのですが，いずれも個人や中小企業では入手は不可能でした．マイコンを使うというと，Z80などのマイコン・ボードしかない状況でしたので，敷居が高く，簡単に使うというわけにはいきませんでした．このような中で，秋葉原で1個から購入可能になったPICマイコンの威力は抜群でした．

さらに，PICプログラマも純正品では「PICSTART-16B1」や「PICSTART-16C」という基板状の安価なものがありました．さらに，自作できる簡単なプログラマもマイクロチップ社のアプリケーション・ノート

写真1-2　PIC16C84の外観

図1-3　トランジスタ技術のPICマイコン特集号
本書のCD-ROMにはこの記事は収録されていない

（AN589）で紹介されていたことなどで，アマチュアでも容易に使うことができる環境が整えられました．筆者も，このアプリケーション・ノートを参考に**写真1-3**のようなプログラマを自作して使っていました．

既にこのときから，純正のアセンブラやシミュレータがマイクロチップ社のBBS（電子掲示板）から無料でダウンロードできました．このようにマイクロチップ社は，当初からソフトウェア群は無料で提供するというポリシーだったようです．

インターネットが使われるようになると，いち早くWebページの公開を開始し，情報公開と開発用のツールやサンプル・プログラムをすぐダウンロードできる環境を整えていきました．

矢継ぎ早の新製品開発

PIC16C84により，日本でPICマイコンのブームが始まってしばらくした1996年には，世界初の8ピンPIC12C508を開発しました．さらに，パッケージも**写真1-4**のように種類を増やしています．

続けて，フラッシュ・メモリ化されたPIC16F84が開発されると，一層使いやすくなったことでさらにユーザが増えました．

さらに1999年，これまでPIC16F84の規模や機能に不満があったユーザに対し，一挙にそれらを払しょくする高機能マイコンPIC16F87xファミリが開発されたことで，PICマイコンは不動の地位を確固なものとしていきました．

2000年には，より大容量のメモリで高速なPICマイコンが欲しいというユーザの要求に応じて，ハイエンド・ファミリをゼロから見直し，PIC16ファミリと上位互換性を持たせたPIC18ファミリを開発しました．

こうして，このころのPICファミリは，**図1-4**のようなデバイス・ファミリで構成されていました．当初の6種類だけから大幅に種類を追加し，選択メニューも豊富にそろうようになっていきました．

大容量で高速なPICマイコンを必要としたユーザは，これまでのPIC16ファミリから容易にPIC18ファミリに移行することができたため，さらにPICマイコンの市場を広げることになりました．それを裏付けるように，マイクロチップ社の売り上げは**図1-5**のように推移しており，2001年には8ビット・マイコンの市場出

写真1-3　自作プログラマの例
筆者が作成したもの

写真1-4　PICマイコンのパッケージ例

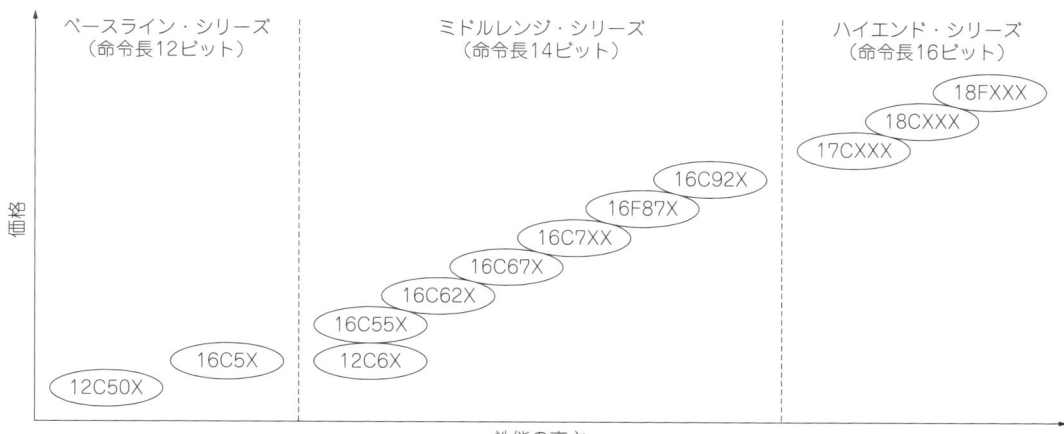

図1-4　1999年当時のPICマイコン・ファミリ

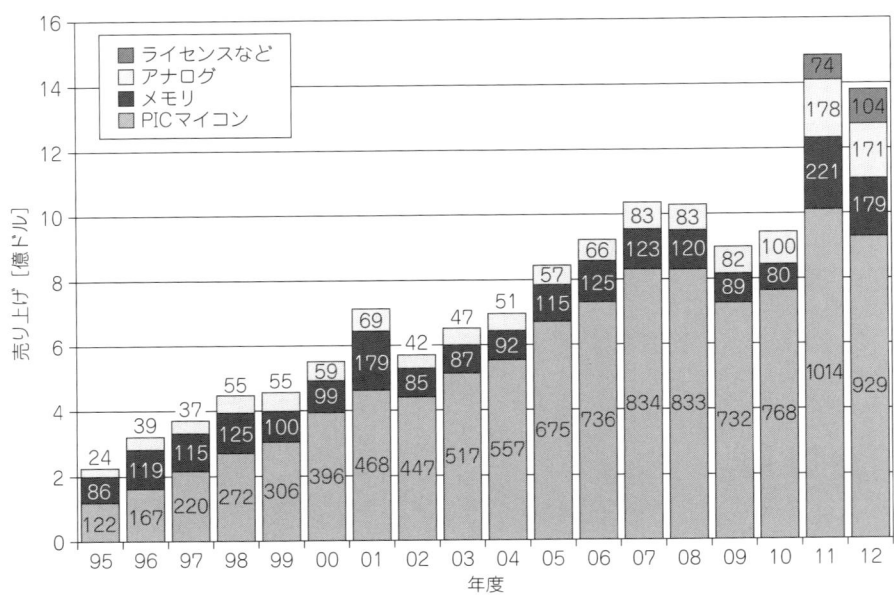

図1-5 マイクロチップ社の売り上げ推移

荷数でマイクロチップ社が世界第1位となり，2006年には金額ベースでも世界第1位となっています．

16ビット／32ビット・ファミリの追加

● DSP＋マイコン＝dsPIC

8ビット・マイコンの市場でトップに立った勢いは止まらず，2003年には16ビット・マイコンであるdsPICファミリを開発しました．

このdsPICファミリは，ユニークな特徴がありました．DSPの機能とマイコンの機能の両方を持っていることです．DSP機能を実行するアーキテクチャは非常にうまく考えられていて，現在でもほかのDSP命令を実行できるマイコンよりかなり高速にDSP機能を実行することができます．

基本アーキテクチャが，ハーバード・アーキテクチャであることは変わりませんが，特に，データ・メモリをアクセスするバスとアドレッシング機構が2本並列になっていて，アドレッシング機構にモジュロ・アドレッシング機構が取り入れられているため，積和演算を高速に実行できるようになっています．

● 汎用16ビット・マイコンPIC24

翌年の2004年には，汎用の16ビット・マイコンとしてPIC24ファミリが開発されました．dsPICとピン互換で，内蔵周辺モジュールにも互換性があるため，この両者間のプログラム移行は容易にできます．

8ビットのPIC16ファミリと比べると，速度だけでも5 MIPSから40 MIPSまで8倍となっていますから相当に高速化，高機能化が可能になります．

特に算術演算は，16ビット・ファミリには16ビット×16ビットの乗算機能がハードウェアで用意されていますので，8ビット・ファミリと比べると数千倍から数万倍という圧倒的な速度で算術演算を実行することができます．

この16ビット・ファミリについても，個人が1個単位で安価に入手できるという，これまでと同じ環境となっています．

16ビット・ファミリのソフトウェア開発はC言語が主となり，マイクロチップ社純正のコンパイラも用意されました．もちろん，誰でも無料版がダウンロードして使えるというポリシーは変わっていません．

● 32ビット・マイコンPIC32

開発の勢いは止まらず，さらに2008年には32ビット・マイコンであるPIC32ファミリを開発しました．PIC24ファミリのCPUコアをミップス・テクノロジーズ社（現在はイマジネーションテクノロジーズ社の一部門）のM4K Coreに置き換え，メモリに128ビット幅のキャッシュ機構を追加して，32ビット幅の命令を4個同時にアクセスし，64命令をキャッシュ・メモリに記憶できるようになっています．このキャッシュにより，80 MHz動作を可能にしていて，プログラム・メモリも最大512 Kバイトという大容量となっています．

この32ビット・マイコンを開発した目的は，組み

込みシステムにおいても，カラー・グラフィック液晶表示器を使ったリッチなユーザ・インターフェースが要求されるようになり，機能も複雑になってきて，リアルタイムOSが必要な世界となってきたため，これらを実装しても十分なパフォーマンスが得られるようにするためということになっています．

確かに，最近の組み込みシステムは，スマートフォンなどの影響もあって，リッチな表示とタッチ・スクリーンなどによる操作が求められるようになってきています．これらを実装するためには，十分なメモリとC言語の大きなプログラムを十分な応答性で動作させるための速度が必要とされます．PICマイコンも組み込みシステムの主要コントローラとして使えるようにする必要があったということだと思います．

このPIC32ファミリにもマイクロチップ社らしさが出ていて，28ピンのDIP(Dual-inline Package)版が開発されています．32ビット・マイコンで，DIPというのは他社ではまず開発することはないでしょう．

● 8ビット・マイコンの強化

8ビットPICファミリの強化開発も継続して行われており，2007年にはPIC16F87xファミリの機能強化版としてPIC16F88xファミリが開発されました．

さらに，2010年には，PIC16ファミリのアーキテクチャを根本から変えたエンハンスド・コアを使った「F1ファミリ」と呼ばれるPIC16F1xxxファミリが開発されています．

このF1ファミリは，PIC16のプログラム・カウンタのビット幅を13ビットから15ビットに変更して，プログラム・メモリ領域を8Kワードから32Kワードに拡大しています．データ・メモリも同じようにバンクを4バンクから32バンクに拡大して最大4Kバイトとしています．さらに，クロック速度も20 MHzから32 MHzにアップし，より高速動作を可能にしています．

今後のPIC16ファミリは，このエンハンスド・コアのファミリに置き換えられていくものと思います．この目的は，ユーザが求める機能がより高機能なものとなり，プログラム開発もC言語による開発が中心となってきたことに対応できるよう，より大容量のメモリでより高速な命令実行ができるものにすることです．

最近のマイクロチップ社のPICデバイスの開発傾向として特徴的なことは，汎用以外に特定のアプリケーションに特化したPICファミリを開発していることです．例えば，スイッチング電源用のSMPSファミリや，モータ制御ファミリ，グラフィック・ディスプレイ対応ファミリなど，それぞれのアプリケーションに必要な特別なモジュールを内蔵しています．

今後も，新たなアプリケーション対応のPICファミリが開発されていくのではないかと思います．

PICマイコン・ファミリは，全部で700種類以上のデバイスが存在します．この新製品を矢継ぎ早に投入していく速さは驚異的な開発力といえます．

これからもわれわれを十分楽しませてくれるマイコンだと思います．

開発環境の進歩

PICマイコンの発展とともに，開発環境も同じように大きく変わっています．

当初からプログラム開発はパソコンが主に使われていました．1993年時点でWindows 3.1が出ていましたが，PICマイコンの開発用プログラムは，まだMS-DOSベースのコマンド入力によるものでした．

しかし，1995年にパソコンのWindows 95が出荷され，パソコンのソフトウェア環境が大変革していきました．当然，PICマイコンの開発環境も大きく変化していき，Windowsベースの開発環境へと変わっていきます．

1998年には，Windows 3.1のころから開発されていた統合開発環境のMPLAB IDEが，すべてのデバイスに対応するよう統合化が行われてVer.4となりました．その後，継続してWindows 95/98/Meに対応させたことで本格的に使われるようになり，シミュレータ・デバッグを使うことでプログラム開発が劇的に便利になりました．

● 広く普及した安価な書き込み器PICSTART Plus

この当時の書き込みツールには，「PICSTART Plus」と「PROMATE II」が使われ，デバッグには高価な「ICE2000」が提供されていました．特に，**写真1-5**のPICSTART Plusは，安価でDIPタイプを簡単に書き込めたことからアマチュアには必須の道具と

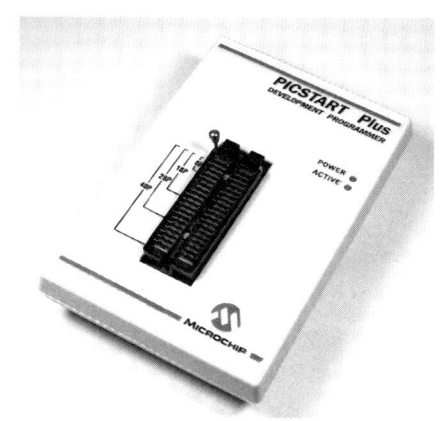

写真1-5　PICSTART Plusの外観

なっていました．
　MPLAB IDEは毎年数回のバージョンアップが行われ，2000年にはMPLAB IDE Ver.5となってどんどん高機能化され，それとともにより便利になっていきました．
　2001年にWindows XPが提供されるようになると，MPLAB IDEもメジャー・バージョンアップが行われ，2002年にMPLAB IDE Ver.6となって大幅に機能改善が行われました．

● 実機デバッグが可能になったMPLAB ICD

　これと並行して，書き込み兼デバッグ・ツールとして「MPLAB ICD」が登場し，基板タイプの安価なツールでMPLAB IDEを使って実機デバッグもできるようになりました．このICDが進化して，2002年には**写真1-6**のような特徴のある円盤型デザインの「MPLAB ICD2」が提供されています．
　このICD2はこれまでのツールと異なり，内部のファームウェアがMPLAB IDEから自動的にバージョンアップされて，常に最新の状態に保たれるようになっていました．これにより，ICD2さえ持っていれば，将来開発される新しいデバイスにも対応できるといううまい仕組みになっていました．このICD2も，現在はバージョンアップされてMPLAB ICD3となってい

ます．パソコンとの接続がUSBのフルスピードからハイスピードになったことで，PICマイコンの最高スピードでもストレスなく実機デバッグができるようになりました．

● 安価なICE MPLAB REAL ICE

　2006年には，16ビット/32ビット・ファミリに対応させた安価なICEとして，**写真1-7**の「MPLAB REAL ICE」が提供されました．これまでのICEは非常に高価で，個人や中小メーカでは手が出ませんでしたが，このREAL ICEは数万円という安価な価格で入手できるため，本格的な実機デバッグのツールも容易に手に入るようになりました．

● 個人向け低価格ツールPICkit 2

　高機能なツールに対し，個人向けに安価なツールもあります．2007年には**写真1-8**のような「PICkit 2」という数千円のツールが提供されました．これは，すべてのデバイスの書き込みと簡易なデバッグができるので，個人ユーザには便利な道具となっています．
　PICkit 2も，現在ではバージョンアップが行われて「PICkit 3」となっています．
　2007年にWindows Vistaが提供され，MPLAB IDEもVer.8になっています．

● C言語による開発への対応

　このころから，プログラムをC言語で開発するユーザが多くなってきたことから，Cコンパイラの開発にも注力しています．16ビット/32ビット・ファミリ用には，当初からCコンパイラがハードウェアと並行して開発されており，ハードウェアがリリースされると同時にMPLAB Cコンパイラもリリースされています．ただし，8ビット用のCコンパイラとしては純正品にはPIC18用しかなく，PIC16以下はサードパーティ製に依存してきました．
　しかし，今後はC言語が主流になることは間違いないということで，これまでサードパーティとしてCコンパイラを供給してきたHi-Tech社を買収して，PIC

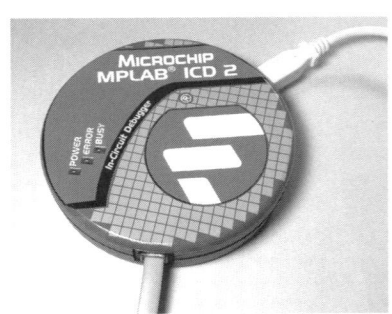

写真1-6　MPLAB ICD2の外観

写真1-7　MPLAB REAL ICEの外観

写真1-8　PICkit 2の外観

10/12/16用のCコンパイラを取り込むこととなりました．しばらくの間，純正のMPLAB CコンパイラとHi-Tech Cコンパイラが併存している状態でしたが，2012年には，MPLAB XC8，XC16，XC32として1本に統合されました．

また，MPLAB IDEも長年の改良と機能追加を重ねたことにより，内部構成が複雑になり過ぎ，古い基本ベースでできていましたから，サードパーティ用の公開API(Application Program Interface)も複雑で使い難いものになっていました．

このため，新たにゼロから作り直し，「MPLAB X IDE」として，2012年のはじめに再登場しました．

このMPLAB X IDEは，NetBeansをベースにして作成されており，より洗練されたGUIベースの開発環境となっています．

サードパーティ用の公開APIを使ったツールも，既に数多くのサードパーティから提供されています．今後，さらに多くの連携ツールが提供されることと思います．

マイクロチップ社の開発ツール戦略は，自社開発品だけでなく，サードパーティ製の多くのツールを内部に取り込むことによって，より機能豊富で使いやすいものとしていく方針とみることができます．

● さまざまな開発用ボードを提供

開発ツールとして重要なものに，デモ・ボードがあります．マイクロチップ社は新しいデバイスをリリースするとき，必ずそのデバイスを使ってすぐに動作するデモ・ボードとデモ・プログラムを提供しています．

このように，デバイスだけでなく，すぐに使えるツールを同時に提供することで，新しいデバイスを採用するための壁をできるだけ低くするようにしているのだと思います．

これまでに提供されたデモ・ボードは多種類で数も非常に多くなっています．

8ビット・ファミリとしては，最近のF1ファミリ用のデモ・ボードとして，**写真1-9**の「F1 Evaluation Platform Demo Board(DM164130-1)」が提供されています．

16ビット・ファミリにも数多くのデモ・ボードがありますが，**写真1-10**の「Explorer 16(DM240001)」が最も汎用性が高く，いろいろなテストにも使えるのでお勧めです．

このボードのPICは，PIM(Plug-In Module)というサブボードになっていて，差し替えができます．このため，PIC24，dsPICの各種PIMボードが用意されていますし，PIC32MXのPIMボードもあって同じExplorer 16で32ビットPICもテストすることができます．

さらに，実装されている周辺デバイスだけでなく，写真のように拡張コネクタの部分に実装できる数多くのオプション・ボードが用意されていますので，ほぼ万能のテスト用ツールとして使うことができます．

32ビットのデモ・ボードは，基本のデモ・ボードとして，**写真1-11**のような小型のボードが用意されています．「PIC32 Starter Kit(DM320001)」と「PIC32 USB Starter Kit(DM320004)」です．

写真1-10　Explorer 16デモ・ボード

写真1-9　F1ファミリのデモ・ボード

写真1-11　PIC32MXの基本のデモ・ボード

写真1-12　PIC32MX用拡張ボード

写真1-13　最近のデモ・ボードの例
Microstick for dsPIC and PIC24H (DM330013)

しかし，このデモ・ボードだけではLEDとスイッチしかないので，たいしたことはできません．このため，**写真1-12**のような拡張ボード「PIC32 I/O Expansion Board (DM320002)」が用意されています．これを使って，各種オプション・ボードを接続しながらテストできるようになっています．

このような各種のデモ・ボードを使えば，使おうとするデバイスをすぐ動かせますし，とりあえずの評価プログラムを書き込んでプロトタイピングをすることもできますから，けっこう便利に使えます．

最近のデモ・ボードの傾向として，USB経由でプログラミングできる機能を実装して，プログラマ不要の構成とすることが多くなっています．例えば，**写真1-13**のような小型のスティック状にしてパソコンにUSBで接続するだけですぐ動作し，プログラムの書き換えもそのままの構成でできるというようになっています．

以上，マイクロチップ社とPICマイコンの進歩の軌跡を概説しました．

現在もマイクロチップ社の成長は続いており，開発力も全く衰えることを知らずにいます．日々新製品が発表されており，今後も成長を続けていくと思われます．

PICマイコンのリセット機能

PICマイコンの供給電源が正常な状態にあるときは問題ありませんが，電源がONになった瞬間やOFFしたとき，あるいは一時的に電圧が下がってしまったときなど，電源そのものが不安定なときの動作が問題になります．場合によっては，電圧不足で正常に命令を実行できず暴走状態となったり，異常な命令を実行したりするかもしれません．

このような状態を避けるためには，電源が異常なときには，PICマイコンをリセット状態にして確実に停止させ，電源が安定になってから実行を開始するようにすることが必要になります．

PICマイコンにはこのための機能が含まれていて，「パワーONリセット機能(POR)」と「ブラウンアウト・リセット機能(BOR)」と呼ばれています．

● パワーONリセット機能 (POR)

電源がONとなった瞬間の不安定状態を回避するための機能がPOR機能です．このPOR機能は，**図A**のような動作をするようになっています．

電源がONになってから，規定電圧(PICファミリにより異なる)を超えたところで電源が入ったと認識し，内部をリセット状態にします．そして，超えた時点からパワーONタイマにより一定時間リセット状態を維持します．このタイマがタイムアップした後の動作は，内蔵クロックの場合と外付け発振を使った場合とで異なります．

内蔵クロックの場合は，この時点で確実に発振しているはずなので，即リセットを解除し，命令の実行を開始するためのクロック供給を開始します．

外部発振の場合には，クロック発振の確認のため，クロック信号で10ビットのカウンタをカウントアップします．このカウンタがオーバフローしたとき，初めてリセットを解除し，命令実行用クロックの供給を開始して0番地からプログラムの実行を開始します．

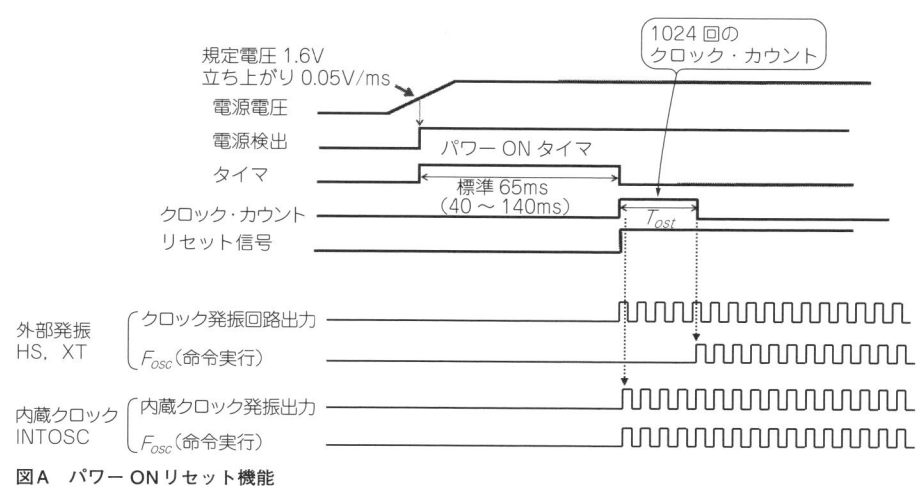

図A　パワーONリセット機能

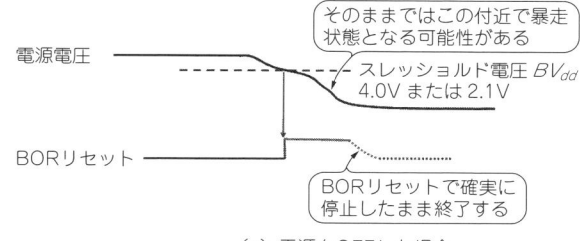

(a) 電源をOFFした場合

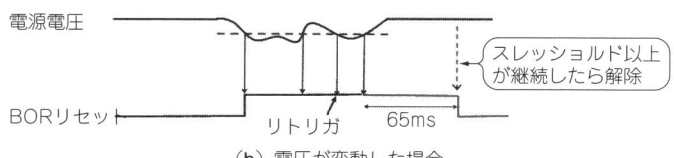

(b) 電圧が変動した場合

図B　ブラウンアウト・リセット機能

カウンタがカウントアップしなければ，スタートせずにリセット状態で停止したままです．

こうして電源ON時の電源やクロック発振回路が不安定な間は，確実にPICマイコンを停止状態に維持して不安定な状態が出ないようにしています．

● ブラウンアウト・リセット機能（BOR）

次に問題になるのが，電源をOFFするときです．電源をOFFにすると，パスコンなどの影響で電圧はすぐ降下せず，徐々に下がっていきます．

そのままでは，動作保証電圧以下になった瞬間に，部分的に動作したりしなかったり，ばらつきが出るため誤動作することがあり得ます．この誤動作を避けるために用意された機能が，ブラウンアウト・リセット機能です．

図Bのように，電源電圧が一定電圧以下（ファミリにより異なり，複数電圧から選択できるものもある）になると，強制的にPICマイコンをリセット状態にして停止させます．

また，図B(b)のように電圧が変動するような場合，ふらついても確実にリセットが継続するように，一度リセット状態にしたら，その後一定時間以上電圧がスレッショルド以上を継続しない限り，リセットを解除しないようになっています．これで，電圧降下時の不安定な間にも実行と開始を繰り返したりすることなく，確実に停止させ再開させることができるようになっています．

PICマイコンの電源

● かつては5V，今は3.3V以下で動作する

PICマイコンは，もともと使用できる電源範囲が広くなっています．当初は5V電源が標準でしたが，最近では3.3Vが標準となっています．

それぞれに電源の使用範囲がありますが，詳しく見ていくとファミリごとに微妙に異なっている場合がありますので，注意が必要です．現状での使用電源範囲は，表Aのようになっています．特に，ミッドレンジのPIC12F/16Fファミリは，古い製品と最近リリースされた製品では，電源使用範囲が大きく異なっています．

● パスコンの効果

電源回路設計で重要なことは，唯一パスコンです．というのも，PICマイコンの電源関連でトラブルが多いのは，出力ピンの信号が切り替わる瞬間の電源ノイズによる問題です．

図Cのように，複数のICが基板上に実装されている場合で，例えばIC_2でパルス状に大きな電流が流れるとします．そして，IC_2と電源の間にIC_1（PICマイコン）が接続されているとします．

この場合，パルスの"H"／"L"が変化するエッジ部分では変化が大きく，高い周波数成分を含むため，電源とIC_1の間の配線がIC_1とIC_2の「共通インピーダンス」つまり抵抗成分となり，IC_2の周波数の高い成分のパルス電流によって，IC_1の電源やグラウンド端子の位置でパルス上の電圧を発生させてしまいます．このノイズ成分の電圧が高くなると，IC_1は入力信号がないにもかかわらず，信号があることになってしまいますから，誤作動してしまうことになります．

このような問題を避けるには，図Cのように，IC_1，IC_2の電源ピンの近くで，電源とグラウンドとの間にコンデンサを挿入します．こうしておけば，急にICに電気を流さなければならないとき，電源からすぐには供給できない場合でも，一時的にコンデンサから放電して急場をしのぐことができます．

この際，コンデンサに高周波でも動作するものを選べば，高い周波数で電流が変動するときでも，このコンデンサから電源を一時的に放電して供給することができます．

このように，電源回路の途中に挿入するコンデンサのことを「パスコン」とか「バイパス・コンデンサ」と呼びます．パスコンにより，特に高い周波数で動作するディジタル回路の誤動作を効果的に減らすことができます．

ディジタル回路でICを使うときには，少なくとも1個のICにつき1個のコンデンサをICの電源ピンのすぐ近くに配置するようにします．

表A　PICマイコンの使用電源範囲

ファミリ		使用電源範囲	備考
ベースライン	PIC10F/12F/16F	2.0 V～5.5 V	－
	PIC10F32x	1.8 V～5.5 V	－
ミッドレンジ	古いPIC12F/16F	4.0 V～5.5 V	旧PIC16F
		2.0 V～5.5 V	旧PIC16LF
	新しいPIC12F/16F	2.0 V～5.5 V	－
	PIC16F1xxx	1.8 V～5.5 V	PIC16F
		1.8 V～3.6 V	PIC16LF
ハイエンド	PIC18Fxxxx	2.0 V～5.5 V	－
	PIC18FxxJxx	2.0 V～3.6 V	－
	PIC18FxxKxx	1.8 V～5.5 V	PIC18F
		1.8 V～3.6 V	PIC18LF
PIC24F	PIC24FxxGAxx PIC24FxxGBxx PIC24FxxDAxx	2.0 V～3.6 V	－
	PIC24FxxMCxx	3.0 V～3.6 V	－
	PIC24FxxKAxx	1.8 V～3.6 V	PIC24F
		2.0 V～5.5 V	PIC24FV
	PIC24H PIC24E	3.0 V～3.6 V	－
dsPIC	dsPIC30F	3.3 V～5.5 V	－
	dsPIC33F dsPIC33E	3.0 V～3.6 V	－
PIC32MX	全ファミリ	2.3 V～3.6 V	－

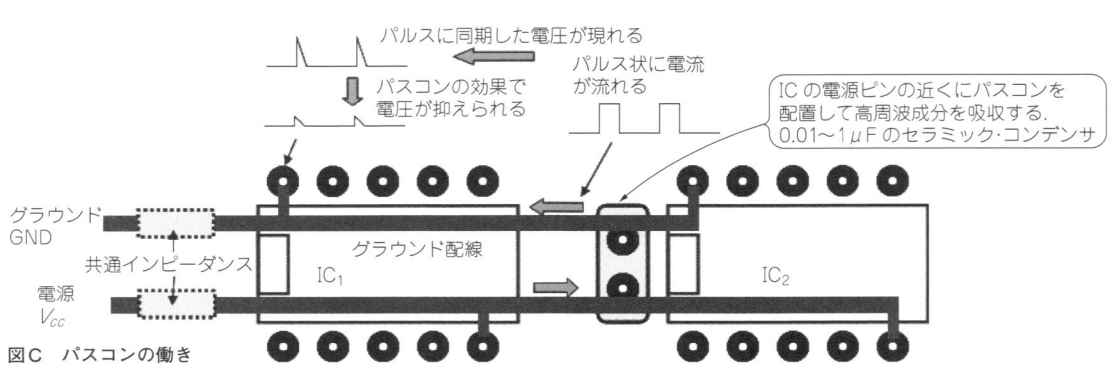

図C　パスコンの働き

第2章 PICマイコンの今とこれから

現行ファミリの特徴
後閑 哲也

PICファミリの全体構成

最新のPICファミリの全体構成は，図2-1のようになっています．

8ビット・ファミリとしては，PIC10/12/16/18の4種類があります．それぞれに，新たな世代ともいうべき強化版が開発されています．

16ビット・ファミリには，PIC24F/24H/24EおよびdsPIC30F/33F/33Eのそれぞれ3種類ずつがあります．両者のCPUコアは同じで，DSP機能の有無で分かれています．Eバージョンが最新のデバイスで，より高速なデバイスとなっています．

32ビット・ファミリはPIC32MXの1種類ですが，ほかのファミリと同様に，ピン数とメモリ・サイズで多くの種類に分かれています．特に，最近28/44ピンの少ピンのファミリが追加されました．

これらファミリ全部を合わせると，700種類を超える膨大な数となっています．

この大量の種類の中から，自分が必要とする機能や性能にぴったりするものを探すのはけっこう大変ですが，逆に楽しみな作業でもあります．

悩んだ場合は，マイクロチップ社の販売代理店に相談すれば，適切なものを選んでくれると思います．

以下では，これらのファミリごとの概要を説明していきます．

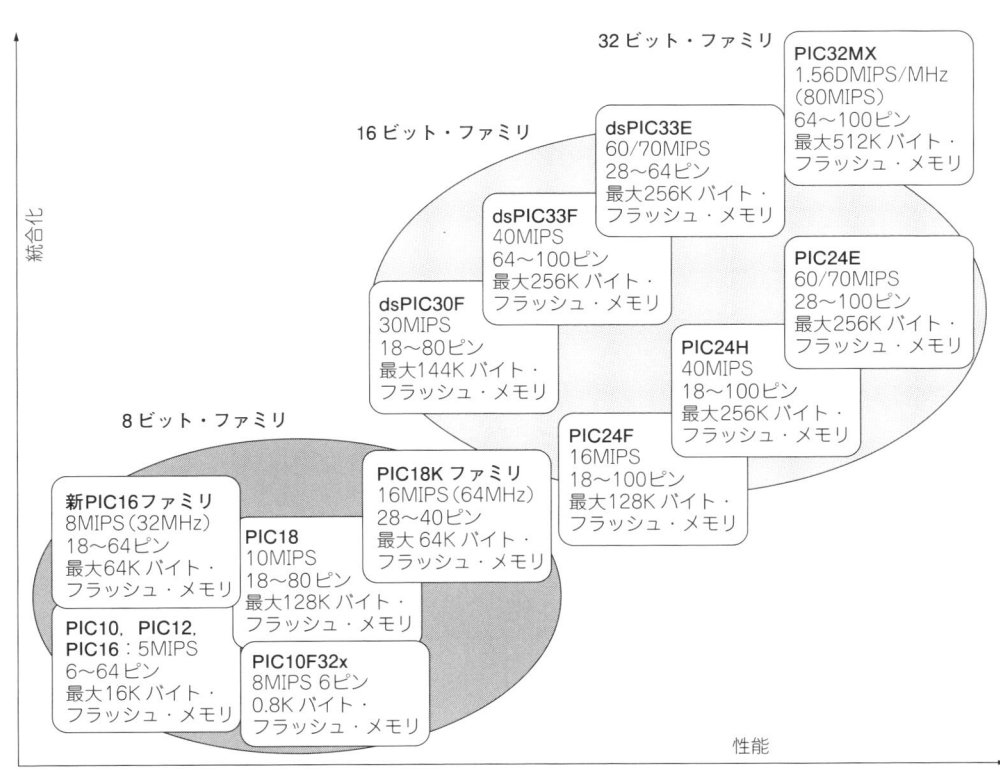

図2-1 PICファミリの現状

8ビット・ベースライン・ファミリ

8ビット・ベースライン・ファミリは,一番古くから存在するファミリです.6ピンという少ピンで,SOT23という米粒ほどの小型パッケージが特徴です.

ベースライン・ファミリの内部構成は,**図2-2**のようになっています.命令長は12ビット幅で,割り込みがありません.CPUコアのクロック周波数は,4MHz,8MHz,20MHzの3種類があります.

汎用入出力ピンと8ビット・タイマが1個という基本構成で,8ビットのA-Dコンバータやアナログ・コンパレータを内蔵したものもあります.

型番は,下記のように3桁番号の1桁目でピン数が決まり,後は搭載モジュールの差異で2桁目が,メモリ・サイズで3桁目が割り振られています.
- PIC10F2xx:6ピン,最大4MHzまたは8MHz動作
- PIC12F5xx:8ピン,最大4MHzまたは8MHz動作
- PIC16F5xx:14ピン以上,最大20MHz動作

ベースライン・ファミリは,単機能を実行すればよいアプリケーションに適しています.実際の使用例としては,携帯電話のバッテリ認証や,プリンタのインク・カートリッジの認証などがあります.

8ビット・ミッドレンジ・ファミリ

8ビット・ミッドレンジ・ファミリは,8ビットの中で最もよく使われているファミリで,種類も非常に多くなっています.

最近,このファミリに6ピンの小型ファミリと,エンハンスド・コアの高機能な通称「F1ファミリ」が追加され,より強力なラインアップになりました.

従来のPIC16ファミリの基本の内部構成は,**図2-3**のようになっています.CPUは最大20MHz動作で,命令数は35個となっています.

型番は,下記のように3桁番号の1桁目でピン数が決まり,後は搭載モジュールの差異で2桁目が,メモリサイズで3桁目が割り振られていますが,かなりばらばらであり規則的にきれいにはなっていません.
- PIC10F:6ピン,最大20MHz動作
- PIC12F:8ピン,最大20MHz動作
- PIC16F:14ピン以上,最大20MHz動作

ミッドレンジに新たに追加された6ピンのファミリがPIC10F320/322で,その内部構成は**図2-4**のようになっています.このファミリから,8ビット・ファミリの次世代周辺モジュールとして,CLC(Configurable Logic Cell),CWG(Complementary Waveform Generator),NCO(Numerical Controlled Oscillator),温度センサが新たに内蔵されました.

CLCモジュールは簡易なPLD(Programmable Logic Device)機能を果たすことができ,プログラムに関係なくハードウェア・ロジックの速度で動作します.

CWGモジュールは,一つのパルス列を入力とし,同じ周期,デューティ比の相補形式のパルスを出力します.このとき,あらかじめ設定した幅のデッドバンドをパルスの切り替え時に自動挿入します.

NCOモジュールは,内部に20ビット・アキュムレータのDDS(Direct Digital Synthesizer)を持ち,20ビットという高分解能の周波数設定ができるパルス列を出力できます.

温度センサは,PICマイコン自身の温度を計測できるものです.約3℃程度の分解能で−40℃から+80℃の温度を測定可能です.

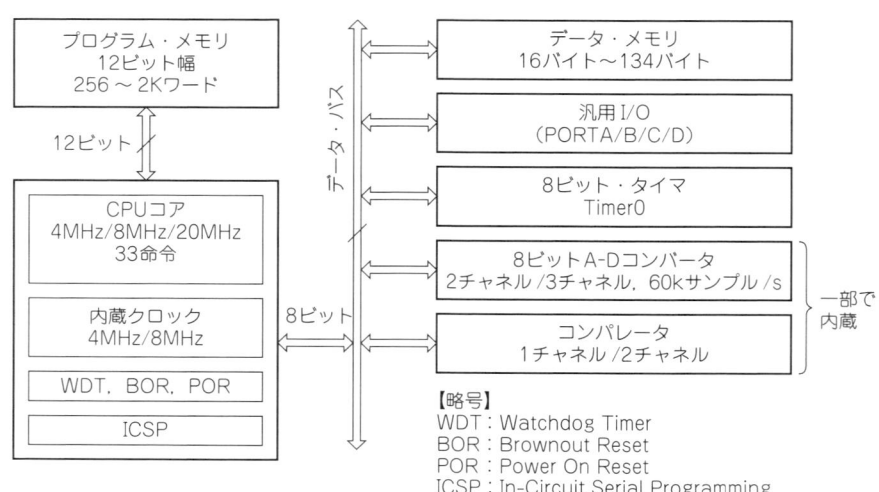

図2-2 ベースライン・ファミリの内部構成

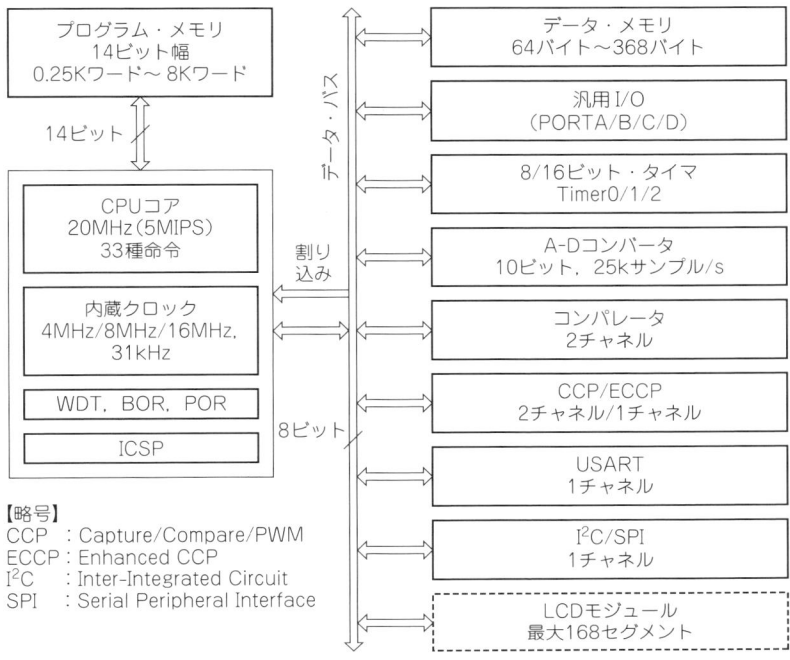

図2-3 ミッドレンジ・ファミリ PIC12/16 の内部構成

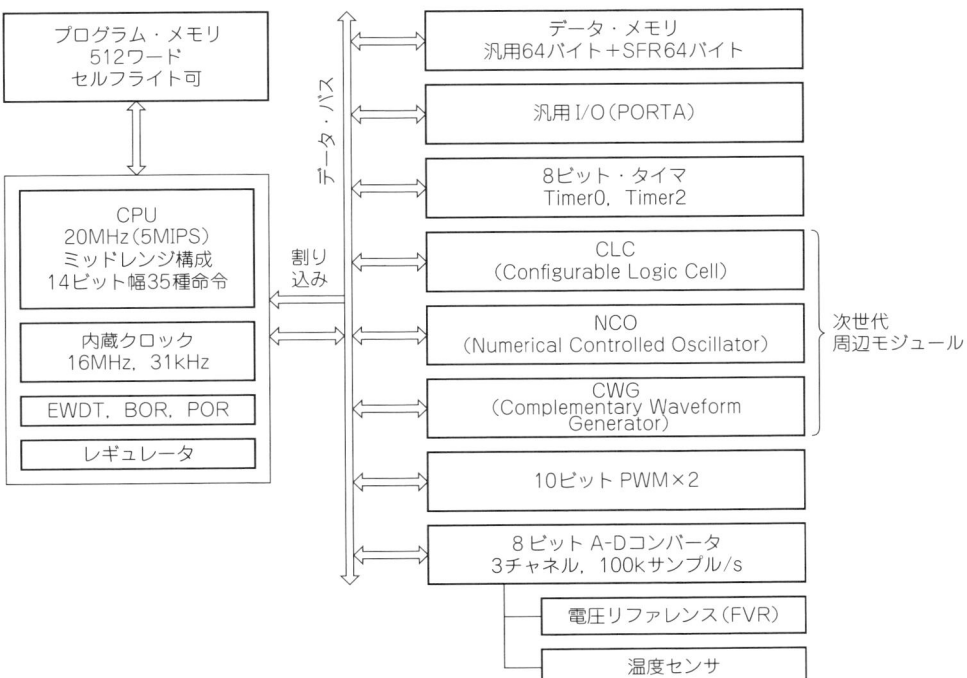

図2-4 ミッドレンジ・ファミリの拡張コア品 PIC10F32x ファミリの内部構成

● アーキテクチャを大幅に拡張したF1ファミリ

 最新のミッドレンジ・ファミリとして，エンハンスド・コアのファミリが追加されました．このファミリは，これまでのPIC16ファミリのアーキテクチャを大幅に変更してメモリ容量を拡大し，クロック周波数も32 MHzと1.6倍に上げています．このファミリの型番がPIC16F1xxxとなっていることから，「F1ファミリ」と称されています．従来のPIC16ファミリとの差異は，**表2-1**のようになります．

 特に大きく改良されたのが，データ・メモリです．バンクを4バンクから32バンクと大幅に増やし，さらに間接アドレッシングも強化しました．これまで80バイト単位で切れていたRAMアドレス空間を，間接アドレッシングの場合には，最大2.4 Kバイトまで連続アドレスとして扱えます．これにより，大きな配列データも確保できるようになりました．

 これらの強化は，アプリケーション機能の肥大化に対応することと，C言語への対応が目的になっています．

 いずれのファミリにも，XLP技術(Extreme Low Power Technology)を使ったファミリがあり，消費電力が非常に少なくなっています．さらに，スリープなどの低消費電力モードを活用すれば，バッテリ動作でも十分長時間の使用が可能になります．

 F1ファミリは，以下のような型番になっていて，それぞれに特徴があります．

- PIC16F14xx：ミッドレンジで初めてUSBモジュールを内蔵
- PIC16F15xx：多ピン・ファミリではアナログおよびPWMの多チャネル化，少ピン・ファミリでは次世代周辺モジュール(CLC, NCO, PWM)内蔵
- PIC16F17xx：アナログ強化版．12ビット差動入力A-Dコンバータ，8ビットD-Aコンバータ，3チャネルのコンパレータ，2チャネルのOPアンプを内蔵
- PIC12/16F18xx：少ピン高機能版．8ピンにもUSART，A-Dコンバータ内蔵
- PIC16F19xx：汎用の廉価版．LCD制御モジュール内蔵

 このファミリを使えば，プログラム・メモリも大幅に増えているので，ミッドレンジ・ファミリでプログラムをC言語で開発しても余裕があり，大きなアプリケーションに適用することも無理なくできるようになります．

 今後も，このミッドレンジがPICマイコンの主流であることは変わらないものと思います．

8ビット・ハイエンド・ファミリ

 8ビット・ハイエンド・ファミリは，8ビット・ファミリの中で最も高性能な製品群です．命令は16ビット幅で，最大動作クロック周波数も64 MHzとなっています．

 このファミリの特徴は，何といっても高機能な周辺モジュールを内蔵していることです．USBやEthernet，モータ制御用ECCP(Enhanced Capture/Compare/PWM)など，高機能なモジュールを内蔵しています．

 このファミリには，大別すると下記のような型番があります．

- PIC18Fxxxx：旧標準ファミリ．2.0～5.5 V電源．40 MHzまたは48 MHz動作
- PIC18FxxJ：廉価版ファミリ．2.0～3.6 V電源．40 MHzまたは48 MHz動作
- PIC18FxxK：廉価版ファミリ．1.8～5.5 V電源．最大64 MHz動作

 当初からのファミリがPIC18Fxxxxファミリで，Jが付加された型番は，半導体プロセスを新しくして廉価にしたファミリです．このファミリは，電源電圧の対応範囲が低くなっているので，使う場合には注意が必要です．

 Kが付加されたファミリが最新の強化版で，最大クロック周波数が64 MHzと高速化され，電源電圧範囲も1.8 Vから5.5 Vと広くなっています．

 ハイエンド・ファミリの内部構成は，**図2-5**のようになっています．

表2-1 エンハンスド・コアと従来コアとの差異

項　目	従来PIC16	エンハンスド・コア(F1ファミリ)
クロック周波数	最大20 MHz(内蔵8 MHz)	最大32 MHz(内蔵16 MHz)
データ・メモリ	最大512バイト	最大4 Kバイト
プログラム・メモリ	最大8 Kワード	最大32 Kワード
間接アドレス用レジスタ	1個(9ビット幅) データ・メモリのみアクセス可能	2個(16ビット幅) プログラム・メモリもアクセス可能
命令数	35個	49個
スタック・メモリ	8レベル	16レベル
割り込み	1レベル	1レベル，レジスタ自動退避
CCP/ECCP	3/0または1/1	2/2または2/3
電源電圧	2.0～5.5 V	1.8 V～5.5 V

FSCM（Fail Safe Clock Monitor）は，クロック発振をモニタし，万一クロック発振が停止した場合には，内蔵の低速クロックに自動で切り替えて，動作を継続する機能です．WDTと合わせて，システムの高信頼性を実現します．

　TSS（Two Speed Startup）は，2速度スタートアップ機能です．スリープからのウェイクアップを高速化するため，いったん内蔵クロックですぐウェイクアップ後の実行を開始し，主クロック発振が安定してから主クロックに自動的に切り替えます．

　オプション群にあるモジュールは，特定のデバイスに実装されている高機能モジュールです．8ビット・マイコンでUSB，LAN，CANに接続できるユニットを構成することができます．

　このファミリには，18ピンから100ピンまでの種類がありますので，たくさんの入出力を使うアプリケーションにも対応できます．

　多ピンのデバイスには，PSP（Parallel Slave Port）/PMP（Parallel Master Port）というパラレル・インターフェース・モジュールが内蔵されていて，外付けにメモリやD-Aコンバータなどを接続できます．

　このファミリの型番にはある程度規則があり，図2-6のようになっています．

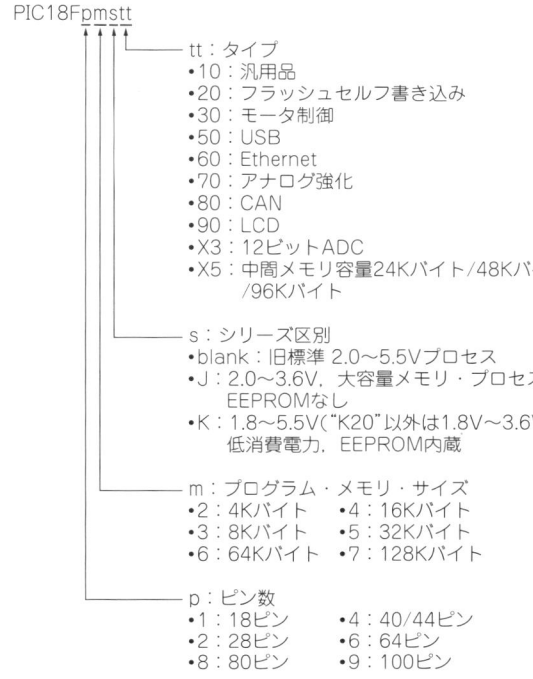

図2-6　ハイエンド・ファミリPIC18の型名のルール

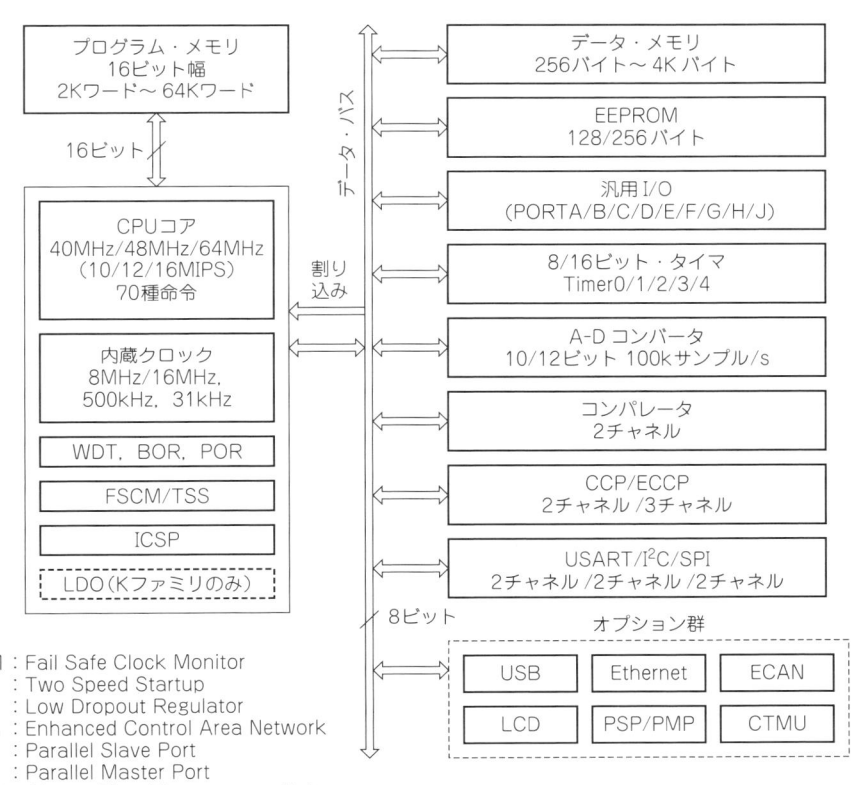

図2-5　ハイエンド・ファミリPIC18の内部構成

16ビット・ファミリ PIC24ファミリ

16ビット・ファミリの基本のデバイスが，PIC24ファミリです．このファミリには，下記の3種類があります．

- PIC24F：廉価版．16 MIPS
- PIC24H：高速版．40 MIPS．DMA内蔵
- PIC24E：超高速版．60 MIPSまたは70 MIPS．DMA内蔵

内部構成は図2-7のようになっていて，たくさんの周辺モジュールが内蔵されています．特に，シリアル・インターフェースが多種類で，いずれも複数チャネル実装されていますので，多くの周辺デバイスを接続できます．

また，16ビット×16ビットの乗算器がハードウェアで内蔵されていて，40 MIPSの場合は25 nsで乗算が完了するので，算術演算は非常に高速です．除算も，支援ハードウェアが内蔵されているので高速に行われます．

ディジタル周辺モジュールについては，PPS（Peripheral Pin Assign）というピン割り当て機能を使用できます．ディジタルの周辺モジュールの入出力ピンを自由に割り当てて決めることができるので，ピン配置が自由になるとともに，少ピンのデバイスでも，周辺モジュールを有効に活用できます．

PIC24H/EファミリにはDMA機能が内蔵されています．これを使えば，周辺モジュールとデータ・メモリ間で直接データ送受を実行しますので，プログラム負荷を大幅に減らすことができ，PICマイコンの性能を最大限活用することができます．

オプションの周辺モジュールには，USB OTGやGFXなど，高機能なモジュールが用意されています．

USB OTGにより，USBのホストが構成できますので，パソコンを肩代わりするような広範囲のアプリケーションに適用できます．

GFXモジュールを使えば，コントローラを内蔵しない液晶表示パネルを直接駆動できますので，より安価にGUIを持つ装置を構成できます．

最新デバイスのPIC24Eファミリは，70 MIPSとい

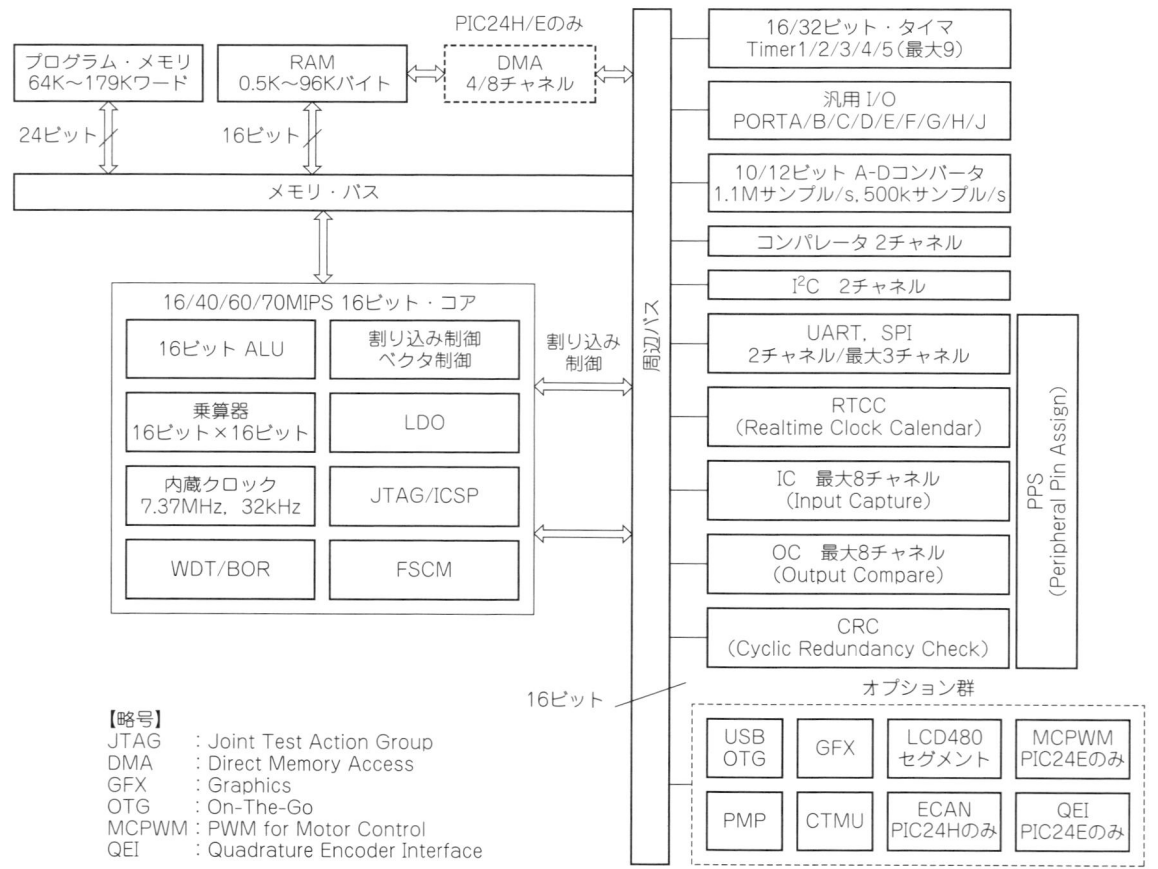

図2-7　PIC24ファミリの内部構成

う高速動作が可能で，相補出力の3チャネルのモータ制御用PWM（MCPWM）を内蔵していますので，簡単な構成で安価に3相ブラシレス・モータを駆動することができます．

いずれのファミリにも，XLP技術を適用した低消費電力モードが用意されていますので，バッテリ動作のような場合でも，極低消費電力で動作させることができます．

PIC24ファミリの型番は，図2-8のような規則になっています．

16ビット・ファミリ dsPICファミリ

dsPICは，PIC全ファミリの中でユニークなDSP機能を持ったファミリです．この16ビット・ファミリには，下記の3種類があります．

- dsPIC30Fファミリ：3.3～5.5 V電源．30 MIPS
- dsPIC33Fファミリ：3.0～3.6 V電源．40 MIPS
- dsPIC33Eファミリ：3.0～3.6 V電源．60 MIPSまたは70 MIPS

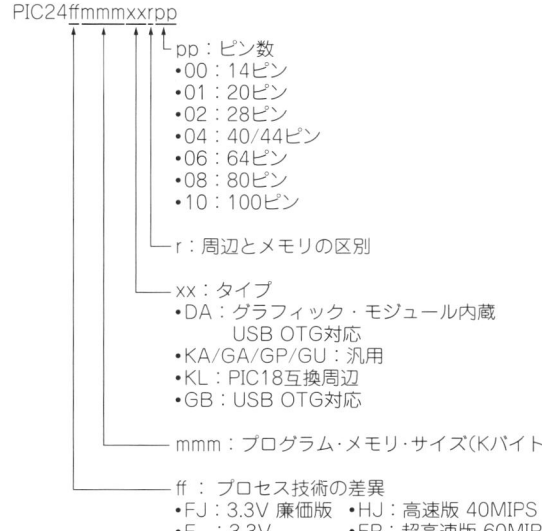

図2-8 PIC24ファミリの型名のルール

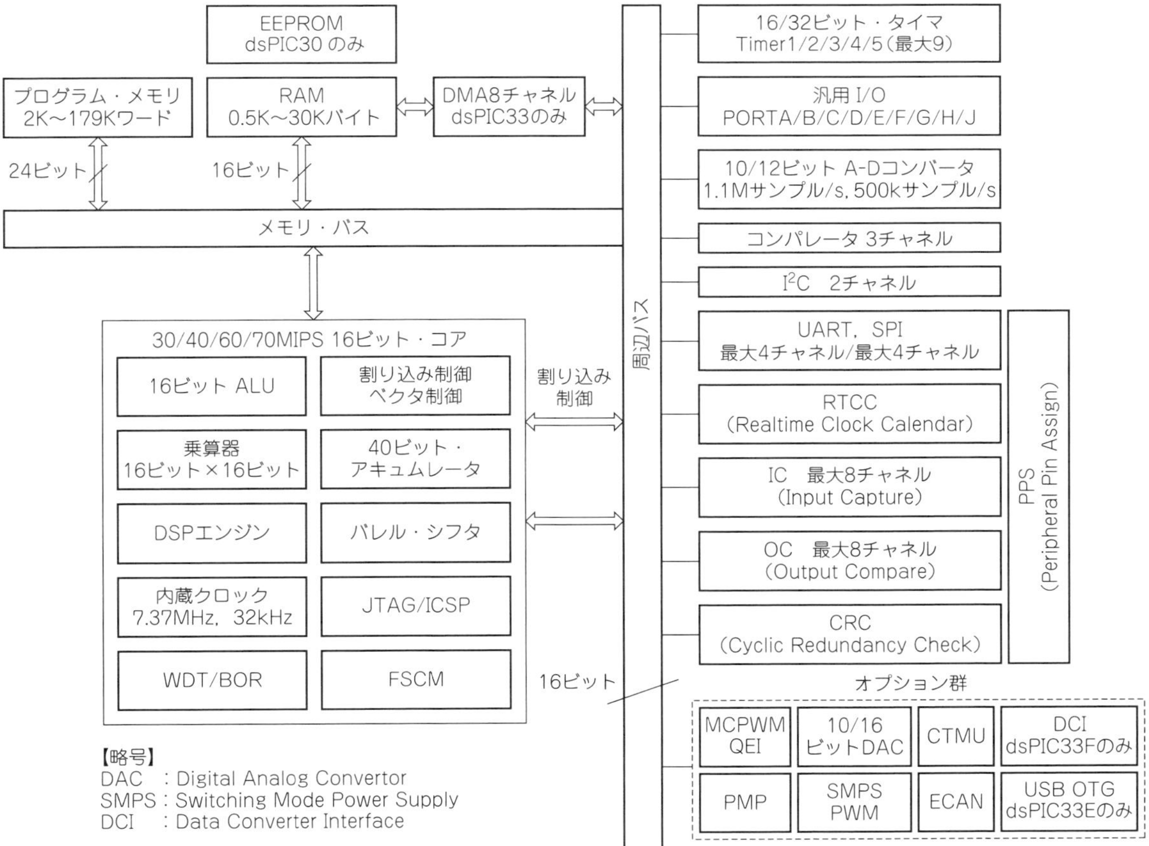

図2-9 dsPICファミリの内部構成

このファミリの内部構成は，図2-9のようになっています．基本はPIC24ファミリと共通なのですが，コア部にDSPエンジンと40ビットのアキュムレータ，バレル・シフタが追加されています．ここで，DSP処理に必要な積和演算などを高速で実行します．

周辺モジュールもPIC24ファミリと共通になっていますが，dsPIC独自のものとしてオーディオ・コーデック用のインターフェース(DCI)や16ビットのオーディオDACが用意されていて，オーディオを扱うアプリケーションに便利になっています．

また，SMPSファミリというスイッチング電源専用のデバイスも用意されていて，特別に高速なPWMモジュールが用意されています．このPWMは，周期約1 MHzでデューティ比分解能が10ビット，つまり1.1 ns単位でデューティ比を制御できるものになっています．LED照明用電源などのアプリケーションに適しています．

さらに，モータ制御用のファミリもあり，多チャネルの相補形式のPWM出力ができます．センサレス3相ブラシレス・モータなどを使った，高速回転で高度な制御を行うモータ制御アプリケーションに適しています．

このdsPICファミリの特徴は，何といってもDSP関連処理が高速に実行されることです．データ・メモリ・アクセスやアドレッシングに巧みな仕組みが組み込まれています．

例えば積和演算は，サンプリング・データとhパラメータの二つのデータのメモリ・アクセスを含めて1サイクル，40 MIPSであれば25 nsで実行します．従って，例えば100タップのFIRフィルタの積和演算をメモリ・アクセスも含めて100サイクルで完了できますから，2.5 μsという高速演算ができます．これで，フィルタ演算を高速なサンプリング周期で行うことができますから，高い周波数のアナログ信号処理を行うことが可能になります．

dsPICファミリの型番は，dsPIC30Fファミリは明確な規則がなく，ピン数とメモリ・サイズで順番に型番が大きくなるようになっています．dsPIC33F/Eファミリは，図2-10のような規則になっています．

32ビット・ファミリ PIC32MX

PIC32MXは，PICファミリの中で最高位にあたるファミリです．速度も最大80 MIPSと高速で，プログラム・メモリは最大512 Kバイト(128 Kワード)と大容量となっています．

また，28/36/44ピンという少ピンのファミリもあって，超小型高速32ビット・マイコンとして使えます．特に，28ピンはDIP(Dual-inline Package)も用意され

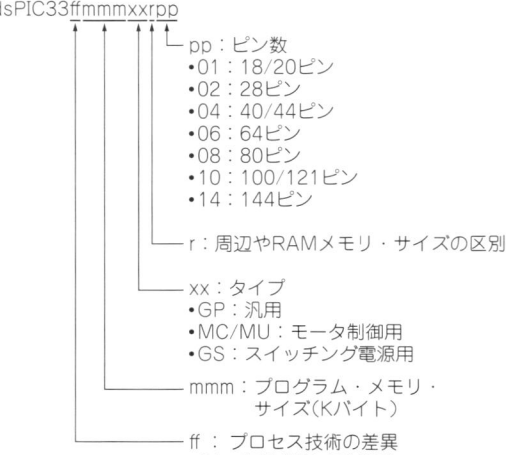

図2-10　dsPIC33ファミリの型名のルール

ています．

PIC32MXファミリの内部構成は，図2-11のようになっています．簡単にいうと，16ビット・ファミリのCPUコアをミップス・テクノロジーズ社(現在はイマジネーションテクノロジーズ社の一部門)のCPUコアに置き換えたものといえます．このコアを80 MHzで動作させていますが，フラッシュ・メモリのアクセスが追いつかないので，キャッシュ機構を追加して128ビット幅で4個の命令を同時にアクセスし，さらにそれを64命令までキャッシュ・メモリに保存しながら実行しています．

少ピンのファミリは，クロックを40 MHzに下げてキャッシュを省略し，プリフェッチだけとして小型化しています．

PIC32MXファミリが16ビット・ファミリと大きく異なるのは，バス・マトリクスがバスの競合を整理していることです．

CPU，DMA，USB，Ethernetなどのバスを使う側と，メモリとそのほか周辺などの使われる側との接続をバス・マトリクスが整理して，切り替えながら実行しています．

周辺モジュールはUSB，CAN，Ethernetなど高速なクロックで動作するものと，低速クロックでよいものとを分けて別々のデータ・バスに接続しています．さらに，高速側の周辺モジュールは，バス・マトリクスにも直結されていて，DMAでデータ・メモリを直接使うことができます．

低速側のデータ・バスは，周辺ブリッジを経由してまとめて一つとしてバス・マトリクスに接続されています．これらの周辺モジュールは，16ビット・ファミリと共通になっていますので，アプリケーション・プログラムも容易に16ビットからアップグレードす

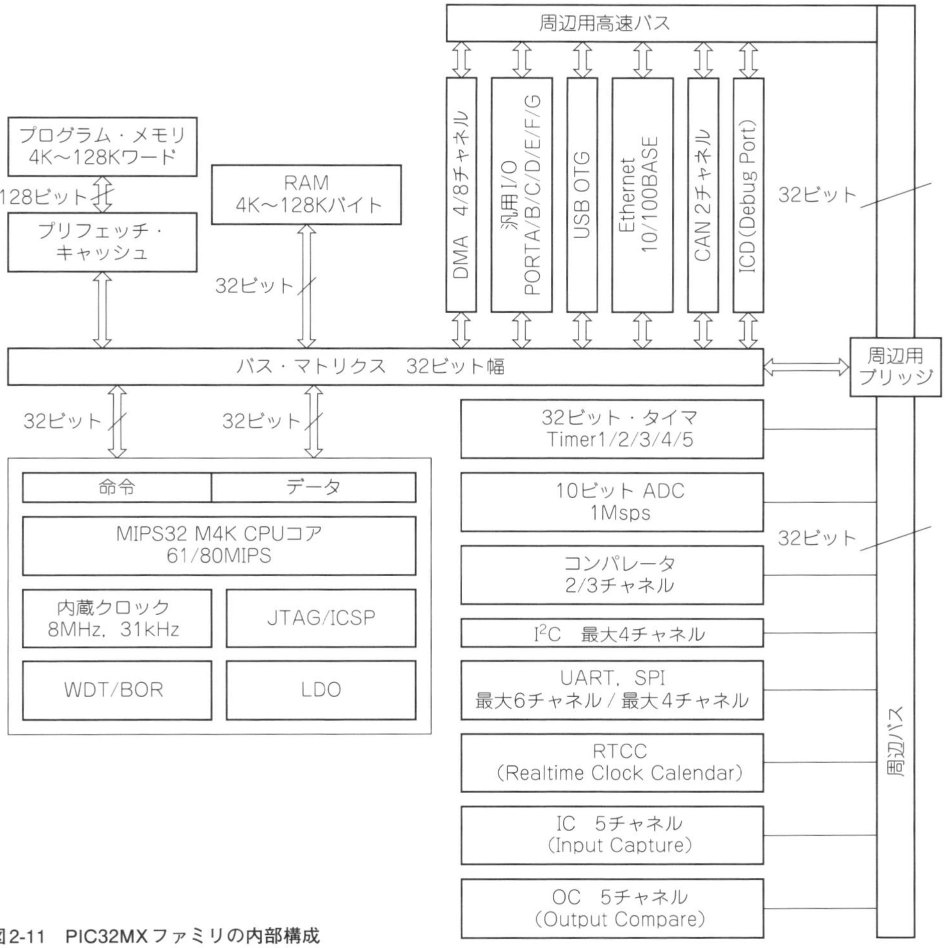

図2-11 PIC32MXファミリの内部構成

ることができます．

　この32ビット・ファミリでは，32個の32ビット・レジスタを内蔵していますので，より高速な演算が可能です．さらに，すべてのレジスタにシャドー・レジスタを持っていますので，割り込み処理も高速に実行できます．

　また，リアルタイムOS(RTOS)も用意されていますので，大規模なアプリケーションもすっきりした構成として開発することができます．

　この32ビット・ファミリも意欲的な開発が継続されていて，クロック周波数が200 MHzで300 DMIPSを超えるデバイスが計画されています．

　このPIC32MXファミリの型番は，**図2-12**のようになっています．

　以上が，PICファミリ全体の最新状況となります．今後も絶え間なく開発が続いていくことでしょうから，日々新しいデバイスが現れることと思います．今後も楽しみなPICマイコンです．

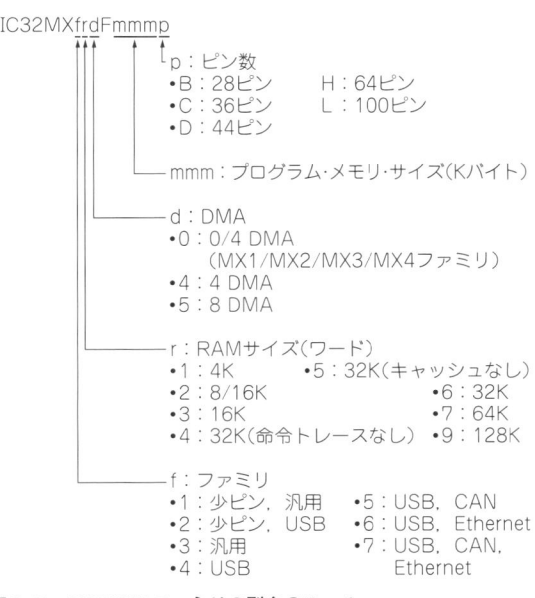

図2-12 PIC32MXファミリの型名のルール

最近のPICでできるようになったこと

　PICマイコンの種類も700種を超え，ファミリも増えましたので，どれを選んだらよいか迷うことが多くなっています．そこで，最近の新製品で新たにできるようになったことを，ファミリごとに解説します．

● 8ビット・ファミリ
（1）PIC16でUSBと接続できるようになった（もうすぐ）
（2）XLPテクノロジで極低消費電力になり，さらに電源電圧も1.8 Vからになって，バッテリでの長時間動作が可能になった
（3）OPアンプやコンパレータ，D-Aコンバータが内蔵されて，アナログ・フロントエンドの外付け回路が不要になった
（4）6ピン/8ピン・ファミリにCLC，CWG，NCOの新モジュールが追加され，より複雑で高機能なアプリケーションが可能になった
（5）タッチ・パネル機能が追加された
（6）メモリが大きくなり，速度アップもして，C言語による大規模アプリケーションも可能になった
（7）400 M/800 MHz帯の無線送信機能が内蔵され，無線機能もできるようになった
（8）スマートメータ用など，リアルタイムで電力測定ができるアナログ・フロントエンドが実装された

● 16ビット・ファミリ
（1）5 V電源で使えるファミリが追加され，さらにバッテリ・バックアップ機能が内蔵された
（2）LCDのコントローラが内蔵され，外部メモリで16 Mバイトまでアクセス可能になったことで高機能カラー・グラフィックLCDを直接制御できるようになった
（3）16ビットのオーディオD-AコンバータやI^2Sインターフェースが内蔵されて，オーディオ信号を直接扱えるようになった
（6）高速高分解能のPWMが内蔵されてスイッチング電源をワンチップで構成できるようになった
（7）ピン割り付け機能で，プログラムでピン配置を設定できるようになった
（8）タッチ・パネル機能が内蔵された
（9）LCDドライバが内蔵され，セグメント液晶パネルを直接制御できるようになった．さらに，XLPテクノロジによる極低消費電力のシステムが構成可能になった
（10）USBホスト・クラスが追加され，Androidアクセサリを構成できるようになった

● 32ビット・ファミリ
（1）少ピンで高速化により，ソフトウェアMP3デコーダが使えるようになった．さらに，I^2Sインターフェースでオーディオ・コーデックを直接制御できるようになり，オーディオ信号の直接処理が可能になった
（2）USB，イーサネット，CANをワンチップで一緒に使えるようになった

● 全体
（1）BGA（Ball Grid Array）パッケージが追加された
（2）統合環境が更新され，MPLAB X IDEがリリースされた
（3）Cコンパイラも更新され，MPLAB XC8/XC16/XC32に統合された
（4）複数のプログラマ，デバッガを1台のパソコンに接続可能になった

ファミリの使い分け

どのようなときにどのファミリが適しているかのガイドです.

● とにかく小さくしたい

6ピン/8ピンの8ビットのPIC10またはPIC12ファミリが有効. UARTやSPI, アナログ入力も可能.

● とにかく消費電流を少なくしたいというアプリケーション

F1ファミリが有効で, セグメントLCDモジュールを内蔵したファミリがお勧め.

● DCモータを簡単に動かしたい

ECCPモジュールを内蔵したF1ファミリがお勧め. 3相ブラシレス・モータを高速で安定に回したいような場合には, dsPIC33のMCファミリがお勧め. 特に高速処理が必要なら, dsPIC33EPのMCファミリがお勧め.

● スイッチング電源を簡易に作りたい

PWM + CWGを内蔵したF1ファミリがお勧め. 本格的なスイッチング電源の場合には, dsPIC33のSMPSファミリがお勧め.

● USBを使いたい/小型化したい

場合や, USBスレーブで簡単なアプリケーションの場合はPIC18ファミリ. USBホストで, 簡単かやや複雑なアプリケーションなら, PIC24FのGBファミリ. USBホストで, かつグラフィック表示など複雑, 大規模な場合は, PIC32MXファミリがお勧め.

● LANに接続したい

10 BASEで簡易なアプリケーションならPIC18ファミリ. 大規模なアプリケーションの場合や, 100 BASEが必要ならPIC32MXがお勧め.

● カラー・グラフィック液晶パネルを直接駆動して安価にしたい

PIC24FのDAファミリがお勧め.

● リアルタイムOSを使って複雑大規模なアプリケーションを作りたい

PIC32MXファミリがお勧め.

● CAN/LINを使用した車載向け

簡易なアプリケーションの場合には, PIC18ファミリがお勧め. 大規模なアプリケーションの場合は, dsPIC33Fファミリ. さらに大規模な場合には, PI32MXがお勧め.

● USB, イーサネット, CANのいずれかを一緒に動かしたいアプリケーション

PIC32MXがお勧め.

● とにかく高速にセンサなどの処理をしたい

PIC32MXの少ピン・ファミリがお勧め.

● 高精度にアナログ信号を扱いたい

12ビットA-Dを内蔵した8ビットのF1ファミリ. 高速サンプリングが必要で, 高速な演算が必要な場合は, PIC24FのGAファミリがお勧め. さらに, 5V電源で動作させたい場合にはPIC24FのKAファミリがお勧め.

● センサやオーディオ信号を扱うアプリケーション

ディジタル・フィルタリングが必要な場合には, dsPIC33ファミリがお勧め. 特に, 高速サンプリングで, 高い周波数まで扱いたい場合には, dsPIC33EPファミリがお勧め. dsPIC33EPファミリではさらにUSB接続も可能.

第3章 センサ接続

温湿度センサの活用とセキュリティ機器，計測機器，ロボットへの応用事例
後閑 哲也

　この章からは，本書付属CD-ROMにPDFで収録されている記事について，マイクロチップ社がソリューションとしている分類に沿って紹介していきます．

　PICマイコンは，各種センサとのインターフェース用として使われることがあります．マイコンとセンサは，センサと多種多様なインターフェースで接続されます．例えば，アナログ信号で接続するセンサや，I^2C，SPIなどのシリアル・インターフェースで接続するセンサが多く使われています．

　『トランジスタ技術』では，PICマイコンに各種センサを接続する方法を解説した記事や，PICマイコンと各種センサを用いた設計事例の記事が多数掲載されています．本書付属CD-ROMにPDFで収録されているセンサ接続関連記事の一覧を表3-1に示します．

表3-1　センサ接続関連記事の一覧（複数に分類される記事は，ほかの章で概要を紹介している場合がある）

記事タイトル	掲載号	ページ数	PDFファイル名
単相3線交流用負荷電流モニタの製作	トランジスタ技術2001年9月号	7	2001_09_296.pdf
−40〜+200℃を測れるDS18S20互換アダプタ！	トランジスタ技術2003年2月号	7	2003_02_269.pdf
エンジン・データ・トレーサの製作	トランジスタ技術2003年8月号	10	2003_08_247.pdf
電動スケート・ボードの製作	トランジスタ技術2003年9月号	9	2003_09_229.pdf
交差コイル型メータの駆動実験	トランジスタ技術2003年10月号	6	2003_10_235.pdf
温度センサとセンサICの実用知識	トランジスタ技術2003年12月号	16	2003_12_143.pdf
ドア・アラームの製作	トランジスタ技術2005年4月号	7	2005_04_261.pdf
暗証番号式ドア・アラーム	トランジスタ技術2005年6月号	5	2005_06_230.pdf
室内の状態モニタ装置の製作	トランジスタ技術2005年8月号	8	2005_08_240.pdf
ガラス破り検出器の製作	トランジスタ技術2005年9月号	9	2005_09_247.pdf
4入力モニタ付き警報装置の製作	トランジスタ技術2005年10月号	10	2005_10_257.pdf
夜間撮影も可能！侵入者録画装置の製作	トランジスタ技術2005年11月号	6	2005_11_249.pdf
万能センサBOXの製作	トランジスタ技術2005年12月号	8	2005_12_257.pdf
心電計の製作	トランジスタ技術2006年1月号	11	2006_01_223.pdf
センサ・モジュールの回路設計	トランジスタ技術2006年9月号	7	2006_09_149.pdf
簡易カラー・メータの製作	トランジスタ技術2007年8月号	6	2007_08_206.pdf
速度計測アプリケーションの可能性	トランジスタ技術2007年12月号	8	2007_12_133.pdf
GPS搭載のジョギング体調モニタ	トランジスタ技術2007年12月号	6	2007_12_141.pdf
乾電池動作のサーミスタ方式風速計	トランジスタ技術2009年2月号	8	2009_02_246.pdf
発酵室温度コントローラの製作	トランジスタ技術2009年9月号	6	2009_09_206.pdf
水位を光で知らせる装置の製作	トランジスタ技術2009年10月号	6	2009_10_160.pdf
測定温度を無線伝送する装置の製作（前編）	トランジスタ技術2009年12月号	6	2009_12_166.pdf
測定温度を無線伝送する装置の製作（後編）	トランジスタ技術2010年1月号	6	2010_01_183.pdf
PICマイコンで作る雨水給水装置の製作	トランジスタ技術2010年1月号	9	2010_01_208.pdf
フォースを感じて筆タッチ！	トランジスタ技術2010年7月号	6	2010_07_182.pdf
マイコンに負荷モデルを組み込むオブザーバ制御の研究	トランジスタ技術2010年8月号	9	2010_08_191.pdf
ヒータと温度センサで水温を上げ下げする実験	トランジスタ技術2010年10月号	10	2010_10_096.pdf
加速度センサでスポーツ解析	トランジスタ技術2010年10月号	8	2010_10_172.pdf
1 F, 5.5 Vで1.7時間連続動作！ソーラ・データ・ロガーの製作	トランジスタ技術2010年11月号	5	2010_11_151.pdf
ホビー用RCサーボの使い方	トランジスタ技術2010年12月号	8	2010_12_188.pdf

温湿度センサの活用法

基本のセンサとして，温度と湿度などの環境関連のセンサがあります．温度センサとしては熱電対やIC化されたものが多く使われ，アナログ信号として入力する方法がよく用いられています．

−40〜+200℃を測れるDS18S20互換アダプタ！

（トランジスタ技術 2003年2月号） 7ページ

白金測温抵抗体の使用例が製作事例として詳しく解説されています．白金測温抵抗体とPICマイコンを組み合わせることで，1-Wire式ディジタル温度センサと同じように使える回路を製作しています（図3-1）．

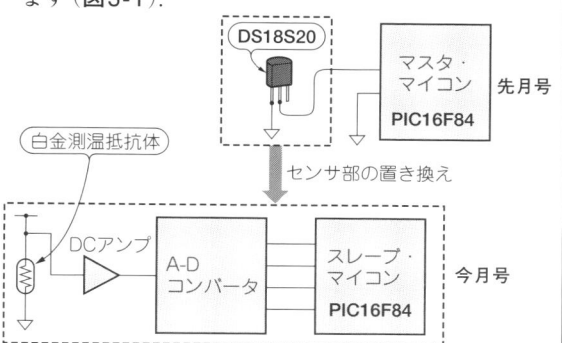

図3-1 −40〜+200℃を測れるDS18S20互換アダプタ
DS18S20は−55〜+125℃を計測可能な1-Wire式ディジタル温度センサ．異なる温度範囲の計測に対応するために，白金測温抵抗体とPIC16F84を用いた．1-Wire式ディジタル温度センサとして使用できる．

温度センサとセンサICの実用知識

（トランジスタ技術 2003年12月号） 16ページ

この記事には温度センサに関する多くの情報が含まれています．熱電対や測温抵抗体，サーミスタ，ICセンサまで，詳細に使い方が解説されています．また，温度センサICとPICマイコンとのインターフェース回路の例が取り上げられています．

湿度センサについては，従来は高分子抵抗か高分子容量を使ったものが多く，使い方が難しかったのですが，最近はIC化されたものが開発され，しかもA-D変換器まで一緒に内蔵した高精度なものとなっています．

ヒータと温度センサで水温を上げ下げする実験

（トランジスタ技術 2010年10月号） 10ページ

パワー制御の実験基板で，水の温度を一定に制御する基本的な実験です（写真3-1）．

PID制御の基本について詳しく解説されています．

写真3-1 水温の制御

セキュリティ機器の設計事例

実用的な製作例としてよく使われているセンサとして盗難防止用のセキュリティ関連センサがあります．

PICマイコンを用いてセキュリティ機器やロボットを作成する連載記事「やってみよう！PICマイコン」では，焦電センサによる人感知やガラス破壊センサなどのセンサを使ったものから，カメラの画像を使った製作例があります．磁石を近づけると動作するリード・スイッチや，焦電センサによる人感知，CdSセンサによる明るさ感知，圧電衝撃センサなどを組み合わせた実用的な製作例となっています．

ドア・アラームの製作

（トランジスタ技術 2005年4月号） 7ページ

CdSセンサで昼夜の区別をして監視のON/OFFをする装置の製作事例です．焦電センサで人感知をし，リード・スイッチでドア開閉を検知しています（写真3-2）．

写真3-2 CdSセンサで昼夜の区別をして監視のON/OFFが可能なドア・アラーム

暗証番号式ドア・アラーム

（トランジスタ技術 2005年6月号） 5ページ

2005年4月号で製作したドア・アラームの機能向上版です．暗証番号により特定してドアを解錠します（写真3-3）．

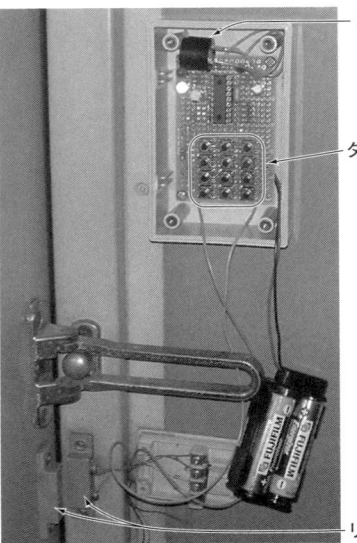

写真3-3 暗証番号式ドア・アラーム

ガラス破り検出器の製作

（トランジスタ技術 2005年9月号） 9ページ

窓ガラスの衝撃検出，異常温度の検出，破壊時の破れ検出などを行う装置の製作事例です．衝撃センサでガラス破壊を，熱電対で温度を，断線でガラス切りを検出しています（写真3-4）．

写真3-4 ガラス破り検出器

室内の状態モニタ装置の製作

（トランジスタ技術 2005年8月号）　8ページ

　防犯センサの情報を一括で表示する親機では，PICマイコンと液晶表示器を使っています．また，室内の状態をモニタする子機では，センサの情報の受け付けのためにPICマイコンを用いています．親機と子機の通信は，フォトカプラによる電流伝送方式のシリアル通信で，PICマイコンで実現しています（図3-2）．

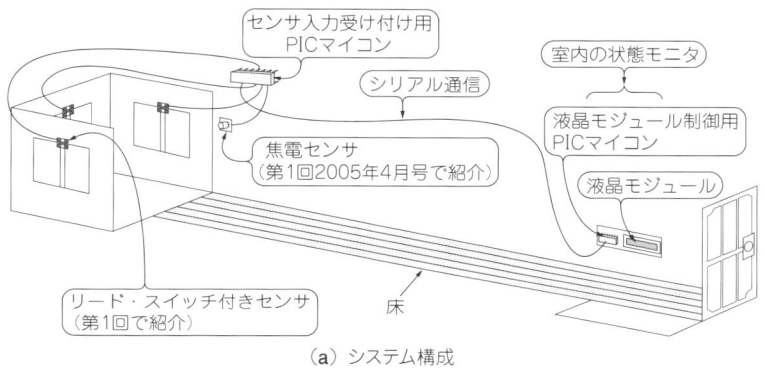

(b) 親機

(a) システム構成

図3-2　室内の状態モニタ装置

4入力モニタ付き警報装置の製作

（トランジスタ技術 2005年10月号）　10ページ

　防犯センサの親機をPICマイコンを用いて製作しています（図3-3）．4系統のセンサ情報を収集し，異常が検出された際にはLEDで表示すると同時にブザーを鳴動します．さらにパソコンに情報をUSBで送信しています．USB接続にはUART-USB変換ICを使っています．

　リモコン送信機も一緒に製作していて，ここでもPICマイコンを用いています．スリープ機能を使って極低消費電力とすることで，ボタン電池で動作させています．

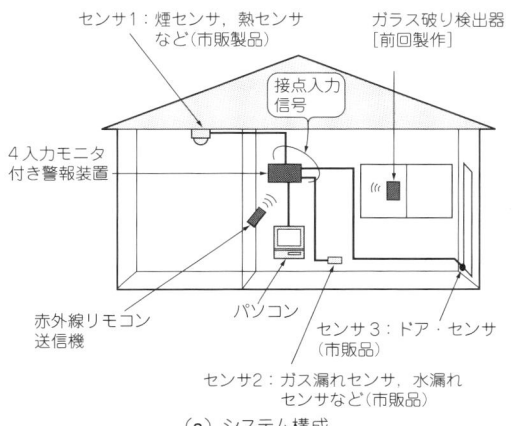

(a) システム構成

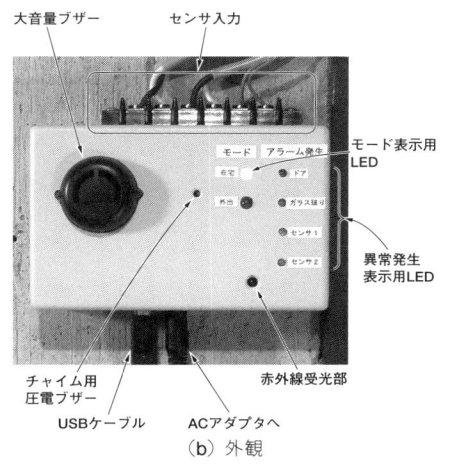

(b) 外観

図3-3　4入力モニタ付き警報装置

夜間撮影も可能！侵入者録画装置の製作

（トランジスタ技術 2005年11月号） **6ページ**

焦電センサで人を感知したら，リモコンを使ってビデオ・カメラを駆動して画像を記録する装置の製作事例です（**図3-4**）．

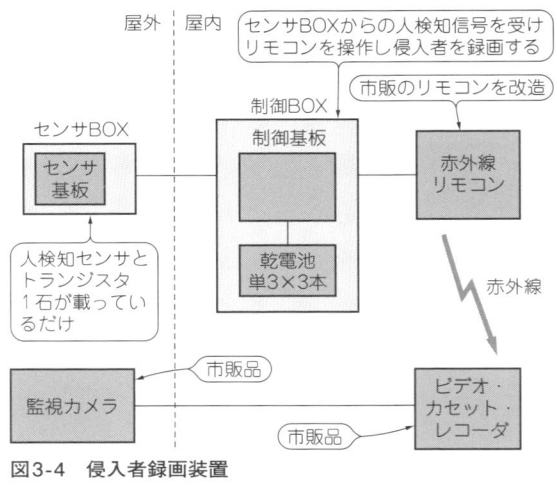

図3-4 侵入者録画装置

万能センサBOXの製作

（トランジスタ技術 2005年12月号） **8ページ**

複数のセンサと複数の接点出力を持ち，動作モードを設定できる万能センサBOXの製作事例です．防犯センサからの情報に対して遅延や論理条件を付加して異常を判断し，異常を検出した際には外部にアラームとして出力する機能を持っています（**写真3-5**）．

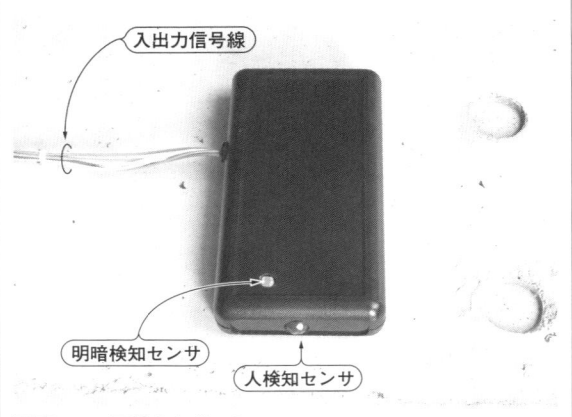

写真3-5 万能センサBOX

計測機器の設計事例

各種の計測に専用センサや特殊なセンサを活用した製作例があります．このような特殊なインターフェースの場合でもPICマイコンなら柔軟に対応できます．

単相3線交流用負荷電流モニタの製作

（トランジスタ技術 2001年9月号） **7ページ**

最近の節電要請への道具としても使える商用電源のモニタ装置の製作事例です（**写真3-6**）．電流の検出には，クランプ型の交流電流センサを使っています．

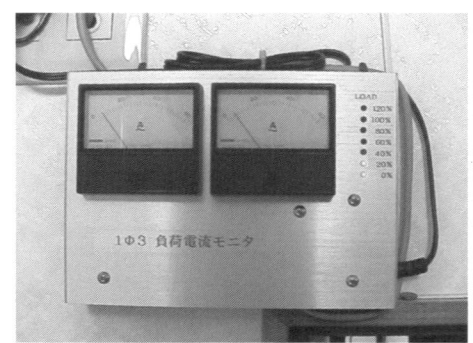

写真3-6 単相3線交流用負荷電流モニタ

エンジン・データ・トレーサの製作

(トランジスタ技術 2003年8月号)　**10ページ**

　ちょっと特殊な計測として，自動車のエンジン状態をモニタする装置の製作事例です．自動車本体からエアフロー情報を取り出して使っています．グラフィック表示には，ドット・マトリクスLED表示パネルを使ってダイナミック・スキャン方式でグラフを表示しています（**写真3-7**）．

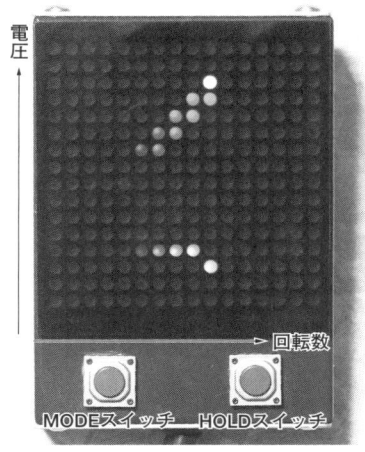

写真3-7　エンジン・データ・トレーサ

交差コイル型メータの駆動実験

(トランジスタ技術 2003年10月号)　**6ページ**

　自動車のタコメータ（エンジンの回転数を計測するメータ）に使われている交差コイルによるメータを，PICマイコンのPWM出力で駆動した製作例です（**写真3-8**）．

写真3-8　交差コイル型メータの駆動実験

心電計の製作

(トランジスタ技術 2006年1月号)　**11ページ**

　最近注目されている健康器具への応用として心電計の製作事例です（**写真3-9**）．この記事では，心臓の動きに合わせてどのような電位差が発生するかを詳細に説明しています．

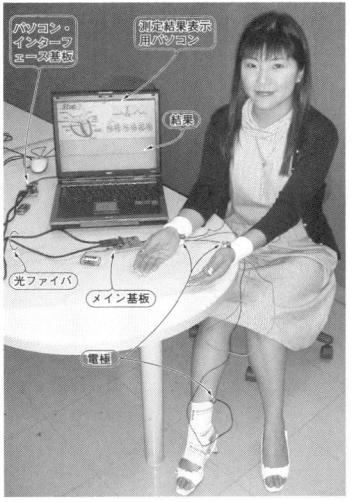

写真3-9　心電計

簡易カラー・メータの製作

(トランジスタ技術 2007年8月号)　**6ページ**

　色合いを定量化するカラー・センサを使った製作例です（**写真3-10**）．センサからのRGBごとの三つの電圧出力をPICで入力して色温度に変換し，LEDのレベル・メータで表示します．

写真3-10　簡易カラー・メータ

GPS搭載のジョギング体調モニタ

（トランジスタ技術 2007年12月号）　6ページ

　位置情報，脈拍，歩数の検出を行えるジョギング体調モニタの製作事例です（**図3-5**）．最初に加速度センサを使って動きを検出し，GPS（Global Positioning System）で位置を記録しておきます．記録したデータは，ZigBee無線通信によってパソコンに送信して保存できます．

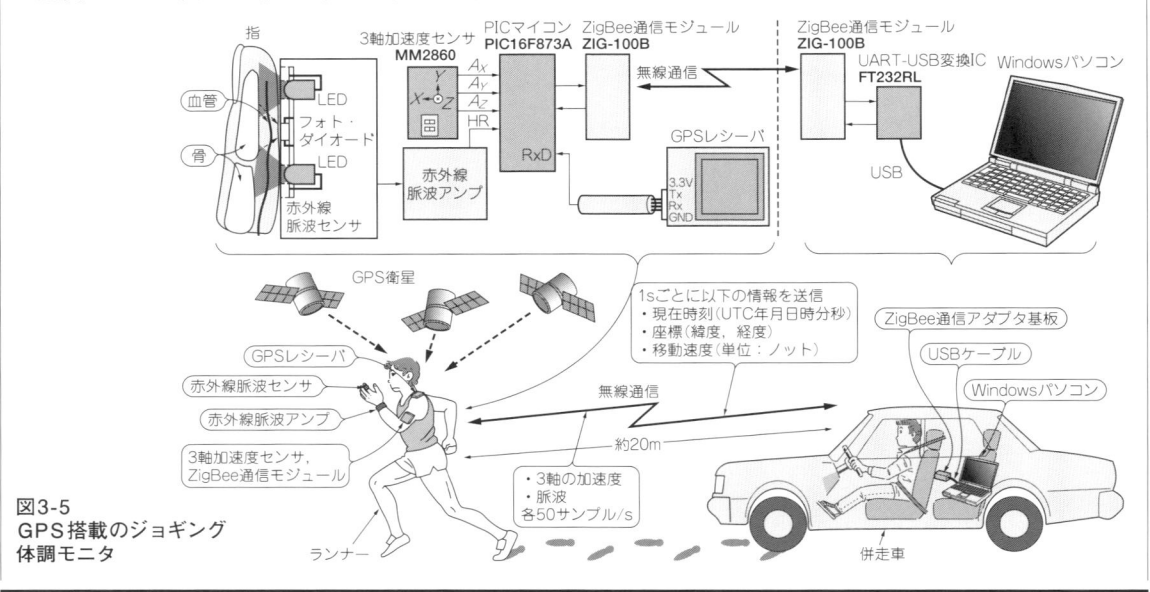

図3-5
GPS搭載のジョギング体調モニタ

乾電池動作のサーミスタ方式風速計

（トランジスタ技術 2009年2月号）　8ページ

　サーミスタが風速で温度変化することを利用した風速計の製作例です（**写真3-11**）．
　センサの出力安定化にdsPICによるディジタル・フィルタを活用しています．表示にセグメント液晶表示器を使うなど低消費電力化も工夫されています．

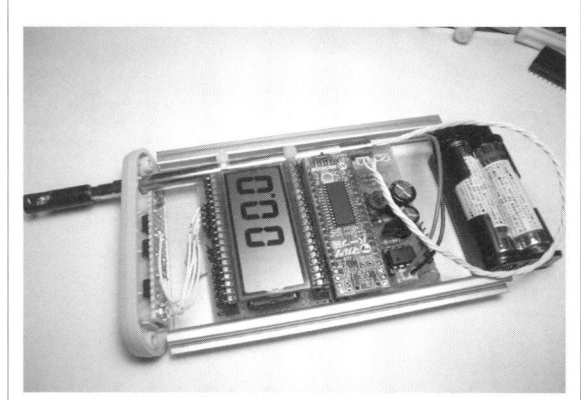

写真3-11　サーミスタ方式の風速計

発酵室温度コントローラの製作

（トランジスタ技術 2009年9月号）　6ページ

　農家の作業を自動化するという連載の一つです．みそに使う麹の発酵室の温度制御を自動化しようという試みの記事です（**写真3-12**）．
　麹発酵室の温度を一定に保つ制御を，サーミスタによる温度検出と，トライアックによるヒータの制御で実現しています．

写真3-12　発酵室の温度制御

水位を光で知らせる装置の製作

(トランジスタ技術 2009年10月号) **6ページ**

農家の作業を自動化する連載の一つです．水田の水位をLEDの光の色で表す装置の製作例です（**写真3-13**）．

2本の電極間の容量が水位に比例して増加することを検知してフルカラーLEDの発光色に変換しています．これで離れたところからでも水位をすぐに確認できるようになります．

写真3-13 水位を光で知らせる装置

PICマイコンで作る雨水給水装置の製作

(トランジスタ技術 2010年1月号) **9ページ**

雨水をタンクにためて，センサで貯水量を検知し，使用する場合にはバルブを制御して供給する装置です（**図3-6**）．

基本的な制御を行っていますが，実際に適用したときに発生する多くのトラブル例と解決法が詳しく解説されています．

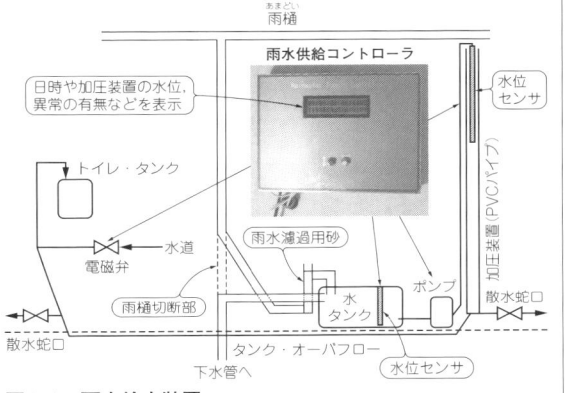

図3-6 雨水給水装置

測定温度を無線伝送する装置の製作

(トランジスタ技術 2009年12月号，2010年1月号) **前編6ページ**，**後編6ページ**

ビニール・ハウス内の温度を無線伝送してまとめて処理できるようにする装置の製作例です（**写真3-14**）．

310 MHzの微弱無線回路をPICマイコンに付加し，4カ所の温度を16文字2行の液晶表示器に表示する構成です．調歩同期式のデータ伝送で，キャラクタ・ベースのデータを伝送しています．

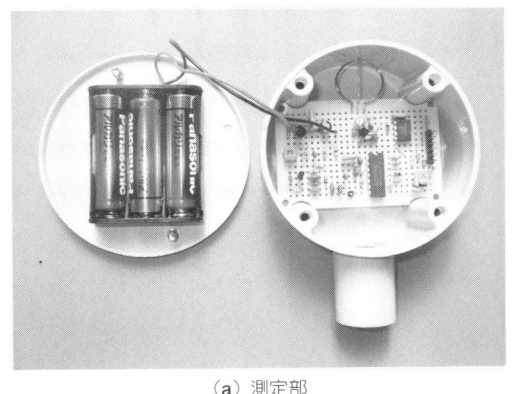

(a) 測定部　　(b) 表示部

写真3-14 測定温度を無線伝送する装置

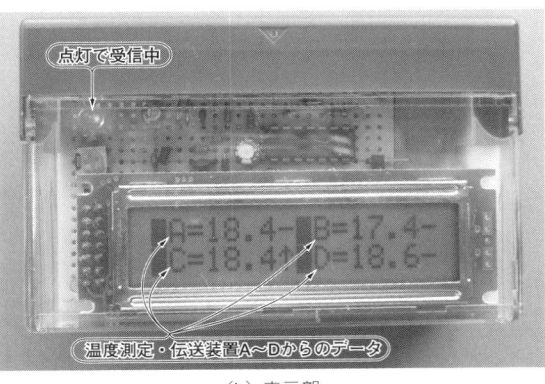

フォースを感じて筆タッチ！

（トランジスタ技術 2010年7月号） **6ページ**

抵抗膜方式のタッチ・パネルの四隅に圧力センサを配置し，X，Yの位置のほかにZ方向の圧力も検知できるようにしたタッチ・パネルの製作例です（**写真3-15**）．

タッチ・パネル以外への圧力センサの活用例も紹介されています．

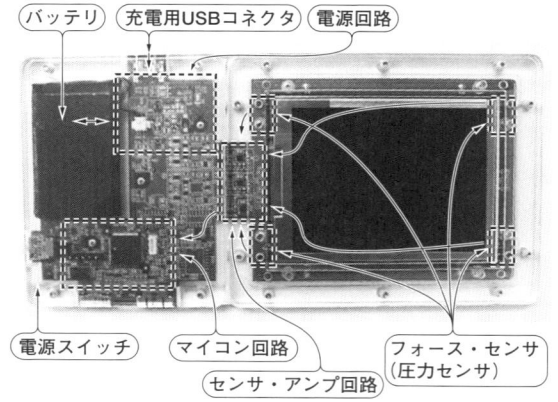

写真3-15 Z方向も検知できるタッチ・パネル

マイコンに負荷モデルを組み込むオブザーバ制御の研究

（トランジスタ技術 2010年8月号） **9ページ**

センサのドリフトによる出力誤差の影響を，オブザーバ制御で取り除く手法について詳しく解説しています．ジャイロセンサの温度ドリフトを補正する実験を行っています（**写真3-16**）．ジャイロセンサを使う場合には参考になります．

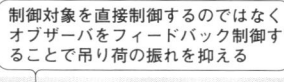

写真3-16 オブザーバ制御の実験

ロボットへの応用事例

ロボットでは，触覚あるいは制御用にセンサを使うことが基本となり，圧力センサや測距センサがよく使われています．

電動スケート・ボードの製作

（トランジスタ技術 2003年9月号） **9ページ**

スケート・ボードにモータを取り付けた製作事例です（**写真3-17**）．ストレイン・ゲージ（物質のひずみを検出するセンサ）により体重移動を検出し，操縦できるようにしています．ここではDCブラシレス・モータ本体も自作しています．

写真3-17 電動スケート・ボード

センサ・モジュールの回路設計

(トランジスタ技術 2006年9月号)　7ページ

　焦電センサで人感知，PSD距離センサなど，いくつかのセンサを接続できる構成のモジュールの製作事例です．複数のセンサ・モジュールは，RS-485通信で接続できます（**写真3-18**）．

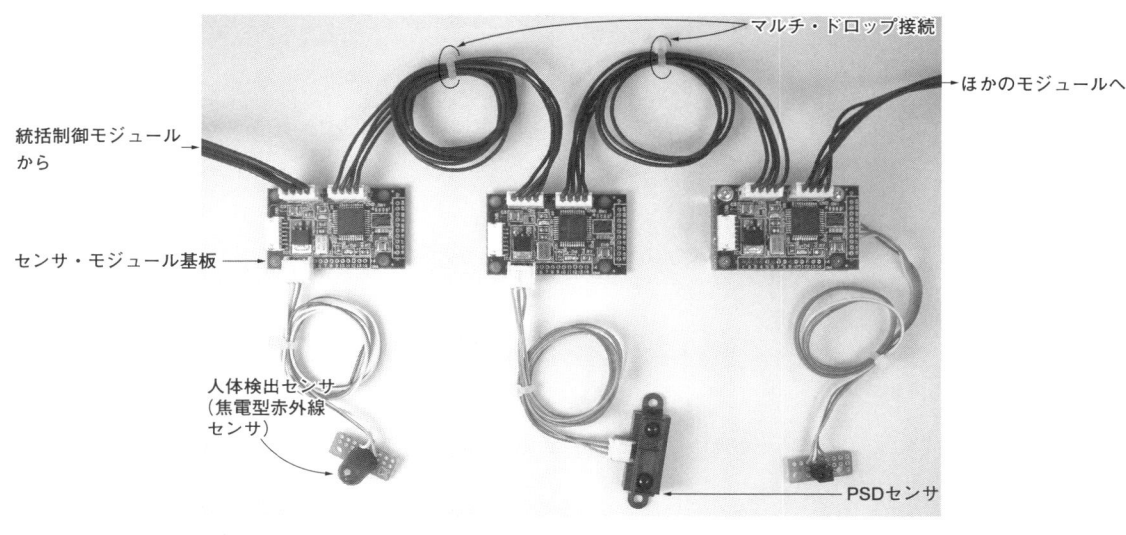

写真3-18　センサ・モジュールの回路設計

速度計測アプリケーションの可能性

(トランジスタ技術 2007年12月号)　8ページ

　加速度センサを使って積分値から速度を求めようという実験の記事です．2007年8月号に付属したdsPICマイコン基板で積分器を構成し，LCD（液晶表示）モジュールに速度を表示する1軸の速度計を製作しています（**写真3-19**）．結果はあまり精度が出ないということです．

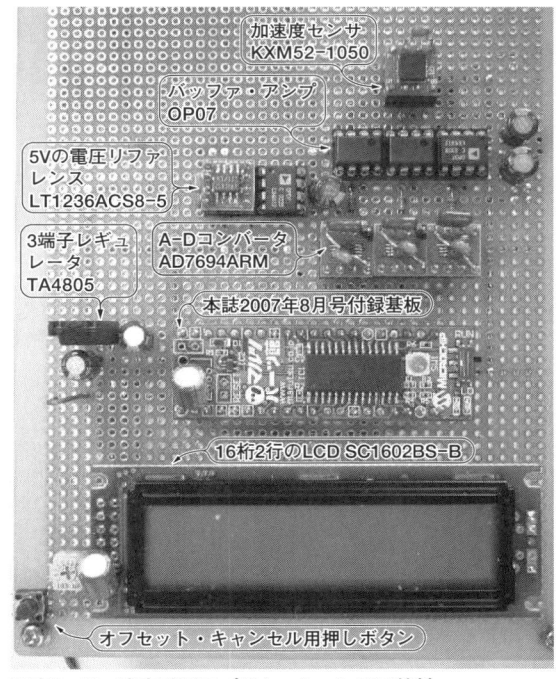

写真3-19　速度計測アプリケーションの可能性

第4章 表示器

LED/LCDの駆動方法と製作事例
後閑 哲也

　マイコンを搭載する組み込み機器には，発光ダイオード（LED：Light Emitting Diode）や液晶表示器（LCD：Liquid Crystal Display）をはじめとする多様な表示器が使われています．PICマイコンは，これらの表示器の駆動にも多く使われています．

　最近では，カラー・グラフィック表示が行われることも多く，16ビットや32ビットの高性能で大容量メモリを内蔵するPICマイコンも使われています．

　『トランジスタ技術』では，PICマイコンで各種表示器を駆動する方法を解説した記事や，PICマイコンと各種表示器を用いた設計事例の記事が多数掲載されています．本書付属CD-ROMにPDFで収録されている表示器関連記事の一覧を**表4-1**に示します．

表4-1　表示器関連記事の一覧（複数に分類される記事は，ほかの章で概要を紹介している場合がある）

記事タイトル	掲載号	ページ数	PDFファイル名
高輝度LEDの特性と駆動方法	トランジスタ技術2006年2月号	7	2006_02_129.pdf
パワーLEDの特性と駆動方法	トランジスタ技術2006年2月号	6	2006_02_136.pdf
I/O機能を使った表示モジュールの製作	トランジスタ技術2007年8月号	12	2007_08_147.pdf
きもだめし用怪音&怪光発生装置の製作	トランジスタ技術2007年8月号	5	2007_08_218.pdf
液晶表示のディジタル時計を作る	トランジスタ技術2007年9月号	5	2007_09_123.pdf
ディスプレイ/LED制御用ワンチップ	トランジスタ技術2008年1月号	12	2008_01_096.pdf
PICでLCDパネルを直接駆動	トランジスタ技術2008年1月号	7	2008_01_201.pdf
2色LEDの輝度を同時に変えられるLEDドライバ	トランジスタ技術2008年6月号	1	2008_06_256.pdf
入出力ポートを使ってLCDに文字を表示してみよう	トランジスタ技術2008年7月号	8	2008_07_174.pdf
タイマを使って時刻を表示してみよう	トランジスタ技術2008年9月号	10	2008_09_208.pdf
文字表示用のグラフィックLCDコントローラ	トランジスタ技術2008年11月号	2	2008_11_264.pdf
タッチ式"脳トレ"ゲームの製作	トランジスタ技術2009年8月号	10	2009_08_133.pdf
フォースを感じて筆タッチ！	トランジスタ技術2010年7月号	6	2010_07_182.pdf

高輝度LEDの特性と駆動方法

（トランジスタ技術 2006年2月号）　7ページ

　最も基本となるLEDの特性やLEDの駆動方法が解説されています．

　直列に接続した複数のLEDを駆動する回路の例として，PICマイコンを使っています（**写真4-1**）．

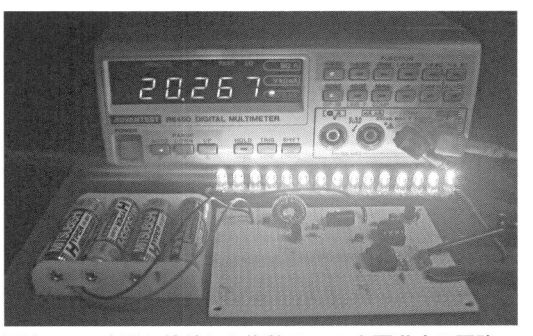

　PICマイコンの学習を始めるとき，最初に例題として習うのが発光ダイオード（LED）の点滅です．基本の使い方の解説だけでなく，LEDを使用したアプリケーションの製作例も数多くあります．特に，PICマイコンのI/OピンはI駆動電流が大きいので，LEDを直接駆動する回路を簡単に構成できます．

写真4-1　直列に接続した複数のLEDを駆動する回路

パワーLEDの特性と駆動方法

（トランジスタ技術 2006年2月号）　6ページ

　最近はLED照明が広く使われるようになり，それ用のLED素子も容易に入手できるようになりました．

　この記事では，パワーLEDの基本特性，放熱の仕方，駆動方法などの基本が解説されています．PICマイコンを使った降圧型コントローラでLEDドライバを実現する事例が紹介されています（**写真4-2**）．

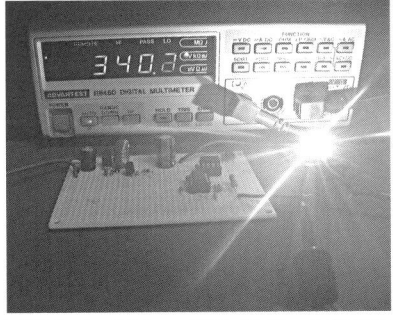

写真4-2　PICマイコンを使った降圧型コントローラでLEDドライバを実現

2色LEDの輝度を同時に変えられるLEDドライバ

（トランジスタ技術 2008年6月号）　1ページ

　PICマイコンのPWM（Pulse Width Modulation）出力によって，2色LEDの明るさを連続的に制御する方法が解説されています．

写真4-3　2色LEDの輝度を同時に変えられるLEDドライバ

I/O機能を使った表示モジュールの製作

(トランジスタ技術 2007年8月号)　12ページ

　シリアル・インターフェースで接続することができる表示モジュールの設計事例です(**写真4-4**)．dsPIC内蔵のUART(Universal Asynchronous Receiver Transmitter)によって制御しています．

　7セグメントLEDやドット・マトリクスLEDの基本的な使い方が解説されています．ダイナミック点灯制御を学習できます．

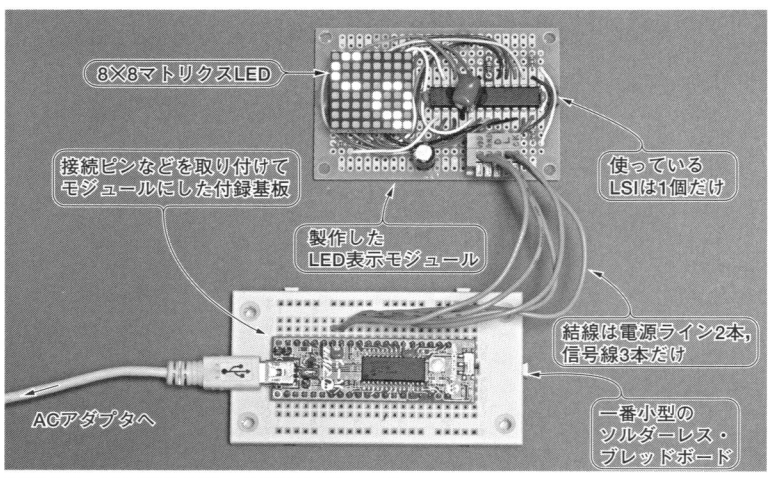

写真4-4　I/O機能を使った表示モジュール

入出力ポートを使ってLCDに文字を表示してみよう

(トランジスタ技術 2008年7月号)　8ページ

　dsPICの入出力ポートを使って，キャラクタ表示LCDに文字などを表示する方法が詳しく解説されています(**写真4-5**)．

LCDの駆動方法

　LCDは，現在ではマイコンの基本の表示器となっていますので，基本の使い方の説明だけでなく，製作例もたくさんあります．

写真4-5　キャラクタ表示LCDに文字を表示

ディスプレイ/LED制御用ワンチップ

(トランジスタ技術 2008年1月号)　12ページ

　LCDやLEDの制御にワンチップ・マイコンを使う事例が集まっています．複数桁のセグメント数字表示LEDをダイナミック点灯方式で制御する方法や，セグメントLCD，キャラクタLCDを駆動する方法の解説と製作例となっています．

　PICマイコンを利用した事例としては，UARTで制御するキャラクタ表示LCD回路(**写真4-6**)が紹介されています．

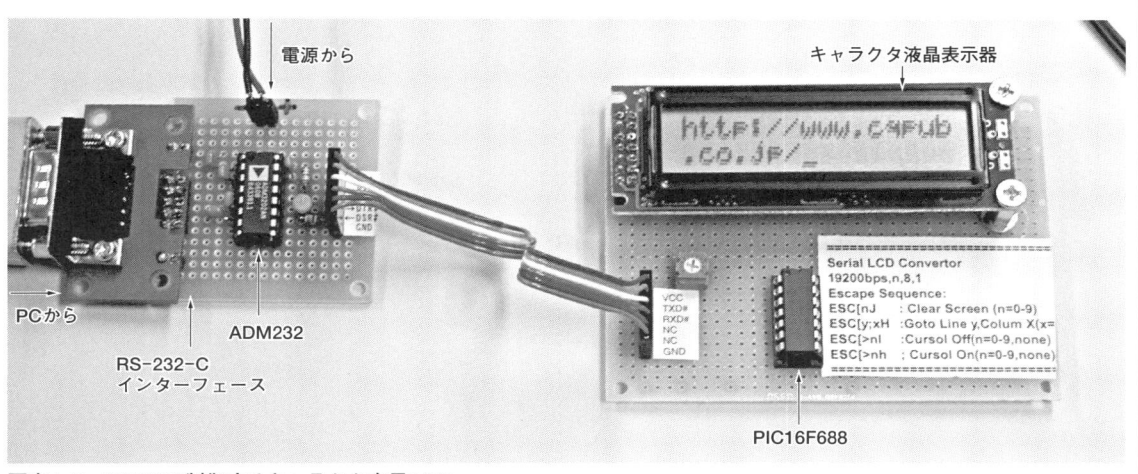

写真4-6 UARTで制御するキャラクタ表示LCD

LCDを活用した製作事例

LCDを使用した製作例です．

液晶表示のディジタル時計を作る

(トランジスタ技術 2007年9月号)　5ページ

　dsPICに内蔵されているタイマの使い方の解説です．タイマ割り込みを使って時刻カウントを行い，時刻をキャラクタLCDに表示する方法が，具体的に説明されています(**写真4-7**)．

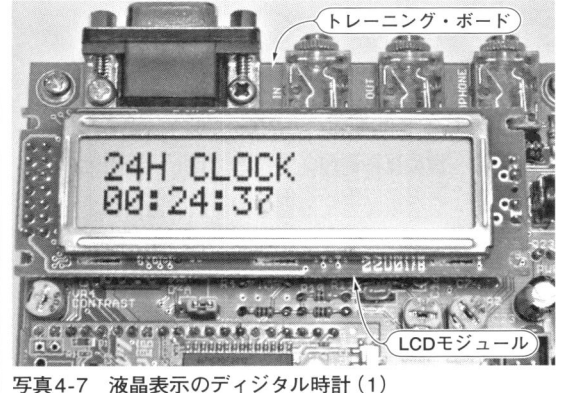

写真4-7 液晶表示のディジタル時計(1)

タイマを使って時刻を表示してみよう

（トランジスタ技術 2008年9月号） **10ページ**

　dsPICのタイマを制御するソフトウェアを，C言語で記述する方法が解説されています．

　キャラクタ表示LCDは，直接PICマイコンから制御しています．特別に，低消費電力としてコイン電池などのバッテリ駆動とするような場合に使われます（**写真4-8**）．

写真4-8　液晶表示のディジタル時計（2）

PICでLCDパネルを直接駆動

（トランジスタ技術 2008年1月号） **7ページ**

　液晶表示器を使うと消費電流を少なくできますので，バッテリ駆動の機器には最適です．PICマイコンの中には，セグメントLCDドライバ・モジュールを内蔵したものがありますので，多くのセグメントが必要な表示器でも極低消費電流で駆動することができます．

　LCDの視認性を高める制御方法や，3 1/2桁LCDパネルを使ったディジタル液晶時計の製作事例（**写真4-9**）が解説されています．

7セグメントLCD SP521P／PIC16F877がこの下にある
ISP用端子／フォトMOSリレーとON/OFF端子（設定時刻にON）

写真4-9　3 1/2桁LCDパネルを使ったディジタル液晶時計

文字表示用のグラフィックLCDコントローラ

（トランジスタ技術 2008年11月号） **2ページ**

　最近では，カラー・グラフィックの液晶表示器が使われることも多くなりました．グラフィック駆動には，大容量のメモリと高速性能が必要となります．

　小型カラー・グラフィックLCDの基本的な駆動方法が解説されています（**写真4-10**）．入手しやすいSPI（Serial Peripheral Interface）の小型グラフィック表示器が使われています．

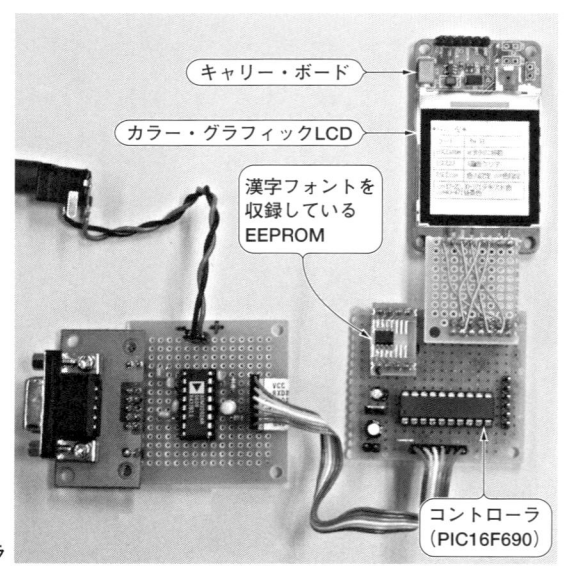

キャリー・ボード／カラー・グラフィックLCD／漢字フォントを収録しているEEPROM／コントローラ（PIC16F690）

写真4-10　文字表示用のグラフィックLCDコントローラ

タッチ式"脳トレ"ゲームの製作

(トランジスタ技術 2009年8月号)　10ページ

抵抗膜式タッチ・パネルの詳しい使い方の解説です．グラフィック液晶表示器と組み合わせたタッチ・パネルの使い方とプログラムの作り方が詳しく説明されています．

アプリケーション例として，タッチ・パネルを使ったLED点灯ゲームを製作しています（**写真4-11**）．

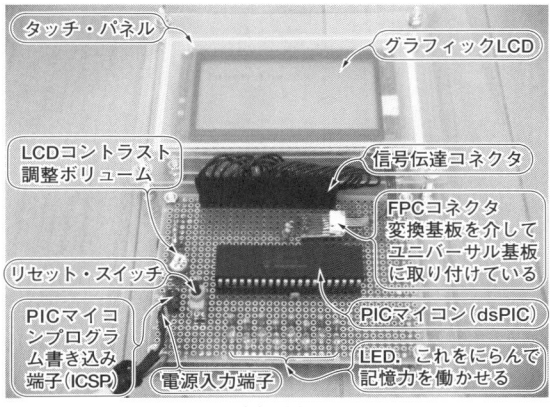

(a) 外観

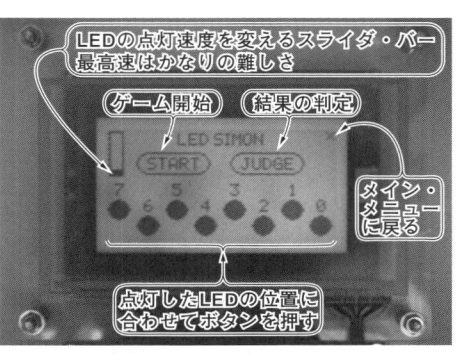

(b) サイモン・ゲームの画面

写真4-11 タッチ式"脳トレ"ゲーム

きもだめし用怪音＆怪光発生装置の製作

(トランジスタ技術 2007年8月号)　5ページ

AC100V用の電球をサイリスタを使ってゼロクロス・タイミングで位相制御して明るさを制御する製作例です（**写真4-12**）．

電球の駆動方法

変わった事例として，白熱電球を駆動した製作事例があります．

写真4-12 きもだめし用怪音＆怪光発生装置

第5章 機器設計事例

インターフェース変換器や独立して動作する機器の設計事例
後閑 哲也

『トランジスタ技術』では，PICマイコンに各種周辺機器を接続したり，PICマイコンを使ってパソコンなどと接続できる周辺機器を設計したりする，周辺機器の接続事例の記事が多数掲載されています．

本書付属CD-ROMにPDFで収録されている機器設計事例関連記事の一覧を，**表5-1**に示します．

表5-1 機器設計事例関連記事の一覧（複数に分類される記事は，ほかの章で概要を紹介している場合がある）

記事タイトル	掲載号	ページ数	PDFファイル名
四つ折り携帯キーボード用ザウルス接続アダプタの製作	トランジスタ技術2002年1月号	13	2002_01_275.pdf
ドライブ・レコーダの製作	トランジスタ技術2002年1月号	7	2002_01_295.pdf
0.1Hz～10kHzのシンプルなDDSの製作	トランジスタ技術2002年6月号	7	2002_06_188.pdf
なんちゃって計測ラックの製作	トランジスタ技術2002年11月号	14	2002_11_157.pdf
微弱電流の非接触測定技術"MBCS"の基礎と実際	トランジスタ技術2003年10月号	15	2003_10_195.pdf
簡易GP-IBコントローラの製作	トランジスタ技術2004年1月号	13	2004_01_236.pdf
PIC16F84でアルテラ社FPGAをコンフィギュレーション	トランジスタ技術2005年1月号	8	2005_01_265.pdf
簡単シリアル⇔GP-IB変換アダプタの製作	トランジスタ技術2005年2月号	6	2005_02_242.pdf
通行回数カウンタ	トランジスタ技術2005年5月号	6	2005_05_246.pdf
USBロジック・アナライザ&パターン・ジェネレータの製作	トランジスタ技術2006年8月号	12	2006_08_175.pdf
パソコンを使ったデータ記録計を作る	トランジスタ技術2007年9月号	9	2007_09_114.pdf
小電力タイプ対応のはんだごて温度調節器	トランジスタ技術2008年4月号	5	2008_04_256.pdf
多機能なキーボード・コントローラ	トランジスタ技術2008年9月号	2	2008_09_248.pdf
8564互換の多機能なリアルタイム・クロック	トランジスタ技術2008年10月号	2	2008_10_264.pdf
乾電池動作のサーミスタ方式風速計	トランジスタ技術2009年2月号	8	2009_02_246.pdf
PIC12F509でデルタ-シグマ変換	トランジスタ技術2009年2月号	2	2009_02_258.pdf
ΔΣ変調器によるDACの出力ノイズ抑圧法	トランジスタ技術2009年4月号	10	2009_04_162.pdf
SPIとSDメモリーカードを利用したディジタル温度計の製作	トランジスタ技術2009年4月号	6	2009_04_194.pdf
最新32ビットPICマイコンの実力	トランジスタ技術2009年7月号	11	2009_07_170.pdf
タッチ式"脳トレ"ゲームの製作	トランジスタ技術2009年8月号	10	2009_08_133.pdf
PICマイコンを使った"静電容量計"の製作	トランジスタ技術2009年8月号	10	2009_08_143.pdf
発酵室温度コントローラの製作	トランジスタ技術2009年9月号	6	2009_09_206.pdf
すぐに使えるマイコン&ディジタル回路	トランジスタ技術2009年10月号	24	2009_10_052.pdf
水位を光で知らせる装置の製作	トランジスタ技術2009年10月号	6	2009_10_160.pdf
レーザ走査による外形測定器の試作	トランジスタ技術2009年12月号	7	2009_12_151.pdf
測定温度を無線伝送する装置の製作（前編）	トランジスタ技術2009年12月号	6	2009_12_166.pdf
測定温度を無線伝送する装置の製作（後編）	トランジスタ技術2010年1月号	6	2010_01_183.pdf
PICマイコンで作る雨水給水装置の製作	トランジスタ技術2010年1月号	9	2010_01_208.pdf
定番8ビットPICの後継 PIC16F1827を試す	トランジスタ技術2010年6月号	8	2010_06_160.pdf
通信線1本で100kbps！EEPROM 11LC/11AAファミリ	トランジスタ技術2010年12月号	5	2010_12_196.pdf

インターフェース変換機器への応用

外部機器をパソコンなどと接続できるようにするためのインターフェース変換用として使った製作例です．これらの製作例にはキーボードに関連するものが多く，操作感覚を改善あるいは，自分に合うものにしたいという要求が元になっているようです．

四つ折り携帯キーボード用ザウルス接続アダプタの製作

（トランジスタ技術 2002年1月号） **13ページ**

市販のキーボードをザウルスに接続するためのインターフェース変換器の製作例です（**写真5-1**）．

キーボードのシリアル・インターフェースを解析して，ハードウェアとソフトウェアを作り込んでいます．

写真5-1 四つ折り携帯キーボード用ザウルス接続アダプタ

簡単シリアル⇔GP-IB変換アダプタの製作

（トランジスタ技術 2005年2月号） **6ページ**

GP-IBとRS-232-Cシリアル通信とのインターフェース変換器です（**写真5-2**）．

PICマイコンを使って，最大10台のGP-IB機器を接続し，そのデータをRS-232-Cに変換します．さらに，USBシリアル変換ケーブルでパソコンのUSBに接続してデータを取得できるようにしています．

写真5-2 簡単シリアル⇔GP-IB変換アダプタ

多機能なキーボード・コントローラ

（トランジスタ技術 2008年9月号） **2ページ**

キー入力の信号処理をPICマイコンで行い，結果だけをインターフェースを通して本体に送信する装置の製作例です（**写真5-3**）．

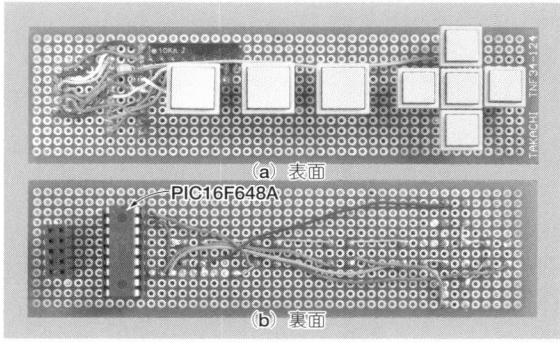

(a) 表面
PIC16F648A
(b) 裏面

写真5-3 多機能なキーボード・コントローラ

PIC16F84でアルテラ社FPGAをコンフィギュレーション

（トランジスタ技術 2005年1月号）

8ページ

　ちょっと変わったインターフェースとして，FPGA（Field Programmable Gate Array）と外部，あるいはコンフィギュレーション・メモリとのインターフェース用にPICマイコンを使った製作例もあります．

　パラレル・インターフェースのFPGAプログラマの代わりに，USB-シリアル変換ケーブルとPICを使って，USBからFPGAを直接プログラミングするツールの製作例です（**写真5-4**）．FPGAのパッシブ・シリアル（PS）方式の書き込みをPICマイコンで制御しています．

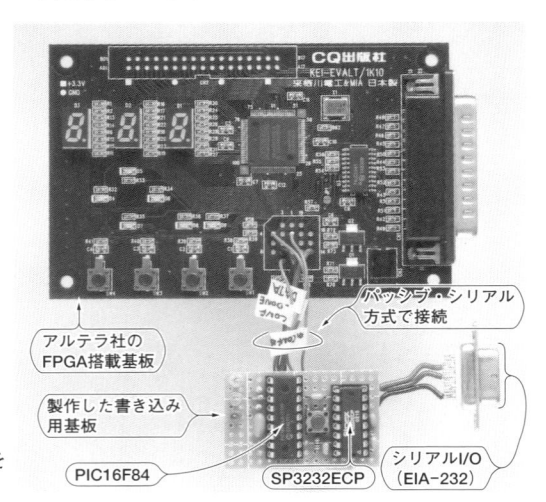

写真5-4
PIC16F84でアルテラ社FPGAをコンフィギュレーション

スタンドアロン機器への応用

単体で動作する機器やパソコンなどと接続して使う周辺機器の製作例は数多くあります．それらの中でも基本的なものが時計やタイマ関連で，製作例も多くあります．

8564互換の多機能なリアルタイム・クロック

（トランジスタ技術 2008年10月号）　2ページ

PICマイコンで，専用ICを代替できるようにした製作例です．セイコーエプソンのリアルタイム・クロックRTC8564と同等の機能を実現しています．I^2Cインターフェースを使っています．

小電力タイプ対応のはんだごて温度調節器

（トランジスタ技術 2008年4月号）　5ページ

トライアックを使って，AC100Vの正弦波を間引くことで温度制御を実現するはんだごての温度コントローラの製作例です（写真5-5）．

ゼロ・クロスでON/OFFしており，位相制御は使っていません．

PIC12F509でデルタ-シグマ変換

（トランジスタ技術 2009年2月号）　2ページ

PICマイコンとアナログ・コンパレータでデルタ-シグマA-Dコンバータを製作した例です．

アプリケーション・ノートAN700を参考にしています．デルタ-シグマA-Dコンバータの原理を理解するのに役立ちます．

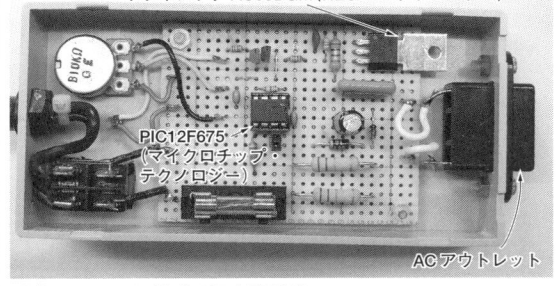

写真5-5　はんだごて温度調節器

計測機器への応用

計測器をPICマイコンで製作したものも多くあります．基本的なものから実用的なものまで多種類の製作例があります．

柔軟なインターフェースを構成できるPICマイコンの特徴が生かせる分野となっています．

なんちゃって計測ラックの製作

（トランジスタ技術 2002年11月号） 14ページ

デスクトップ・パソコンのタワー型ケースに，製作した計測器を組み込む方法の解説です（写真5-6）．

キット販売されている周波数カウンタとDDS発振器，可変電圧電源を組み込んでいます．

写真5-6 なんちゃって計測ラック
モバイル・ラックに計測器を組み込んでパソコンに取り付けて使う．上から順に周波数カウンタ・モジュール，DDSモジュール，安定化電源モジュール．

0.1Hz〜10kHzのシンプルなDDSの製作

（トランジスタ技術 2002年6月号） 7ページ

PICマイコンにR-2Rラダー抵抗によるD-Aコンバータを接続し，プログラムによるDDS（Direct Digital Synthesizer）機能を使って実現する正弦波発振器の製作例です（写真5-7）．

周波数の設定などは，RS-232-Cでパソコンなどから行います．

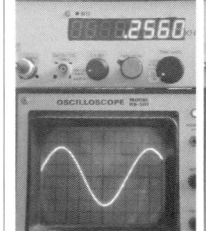

(a) 256.0 Hz　(b) 1024.0 Hz　(c) 4096.0 Hz　(d) 8192.0 Hz　(e) 9999.0 Hz　(f) 10000.0 Hz

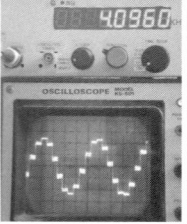

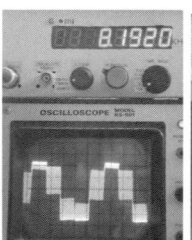

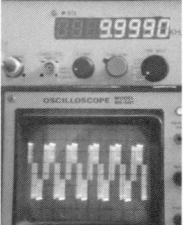

写真5-7 0.1Hz〜10kHzのシンプルなDDS正弦波発振器

微弱電流の非接触測定技術"MBCS"の基礎と実際

（トランジスタ技術 2003年10月号）　15ページ

　磁気ブリッジ型の電流検出センサの原理と使い方の解説です．センサを自作して，$100\mu A$から400mAまで計測できるボードをPICマイコンを使って製作しています．

簡易GP-IBコントローラの製作

（トランジスタ技術 2004年1月号）　13ページ

　パソコンを使わなくても，単独でGP-IBを使った測定ができるコントローラの製作例です（写真5-8）．

　シリアル・インターフェースでパソコンと接続して使います．

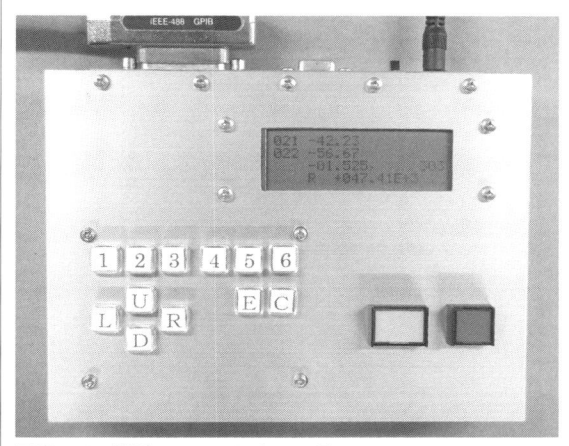

写真5-8　簡易GP-IBコントローラ

パソコンを使ったデータ記録計を作る

（トランジスタ技術 2007年9月号）　9ページ

　dsPICのA-DコンバータとUARTの使い方の解説です．パソコンと接続してパソコン側で計測表示を行えるデータ・ロガーを製作しています（写真5-9）．

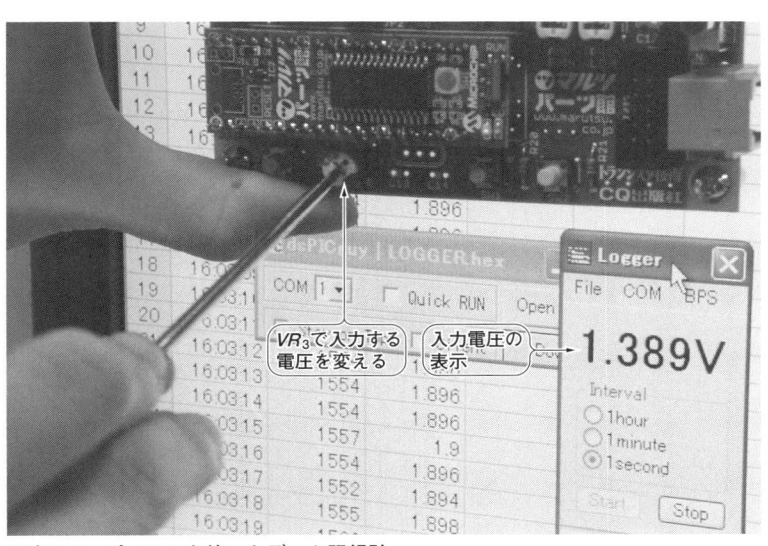

写真5-9　パソコンを使ったデータ記録計

通行回数カウンタ

（トランジスタ技術 2005年5月号）　6ページ

　焦電センサで人の通過を検知し，それをカウントして3桁のセグメントLEDに表示するという機能を持つカウンタの製作例です（**写真5-10**）．

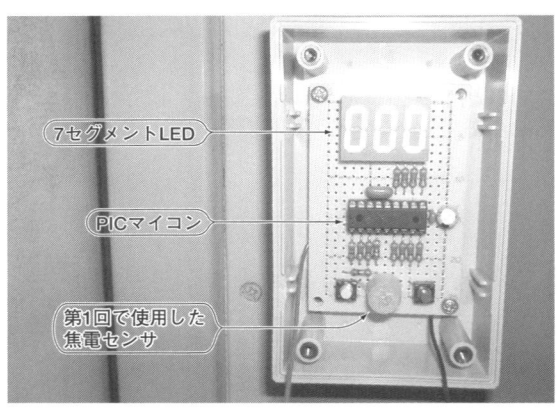

写真5-10　通行回数カウンタ

ドライブ・レコーダの製作

（トランジスタ技術 2002年1月号）　7ページ

　自動車に関連する記事として，車内の情報を取り出して記録するドライブ・レコーダの製作例です（**写真5-11**）．

　スピード・センサのパルス列を入力して，PICマイコンで走行距離と速度に変換してLCDに表示しています．さらに，記録値をEEPROMに書き出して保存し，後からRS-232-Cインターフェースで取り出すことができるようにしています．

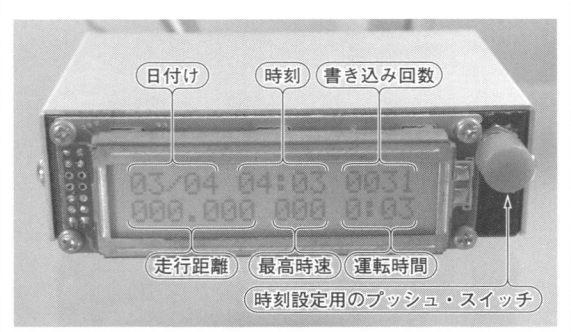

写真5-11　ドライブ・レコーダの製作

SPIとSDメモリーカードを利用したディジタル温度計の製作

（トランジスタ技術 2009年4月号）　6ページ

　SPI通信でSDカードを接続し，マイクロチップ社の提供するファイル・システムを使って，一定間隔で温度センサの測定値を書き込むという製作例です（**写真5-12**）．ソフトウェアは，C言語により記述しています．

写真5-12　ディジタル温度計

レーザ走査による外形測定器の試作

（トランジスタ技術 2009年12月号）

7ページ

　市販のレーザ・スキャナ・モジュールを使って，レーザ・スキャンにより物体の外形寸法を正確に測定できるシステムの製作例です（**写真5-13**）．光学スキャナの種類と原理などについても解説があります．

写真5-13
外形測定器

（図中ラベル：受光回路／光学ベンチ／スキャン・ユニット／ここに被測定物を置く）

第6章 モータ制御

モータの駆動方法と応用事例
後閑 哲也

　PICマイコンはモータ分野での実績が多く，各種のモータの使用例がアプリケーション・ノートとしてマイクロチップ社のWebサイトで提供されています．

　『トランジスタ技術』でも，PICマイコンでモータを使用する事例の記事が多数掲載されています．
　本書付属CD-ROMにPDFで収録されているモータ制御関連記事の一覧を，**表6-1**に示します．

表6-1　モータ制御関連記事の一覧（複数に分類される記事は，ほかの章で概要を紹介している場合がある）

記事タイトル	掲載号	ページ数	PDFファイル名
簡易2足歩行ロボット「RCメカ・アヒル」の製作	トランジスタ技術2002年6月号	9	2002_06_128.pdf
餌やりロボットの製作（前編）	トランジスタ技術2006年1月号	4	2006_01_258.pdf
餌やりロボットの製作（後編）	トランジスタ技術2006年2月号	7	2006_02_241.pdf
PICを使ったブレーキ機能付きモータ・コントローラ	トランジスタ技術2007年6月号	6	2007_06_250.pdf
DCモータで位置を制御する方法	トランジスタ技術2009年11月号	6	2009_11_218.pdf
マイコンに負荷モデルを組み込むオブザーバ制御の研究	トランジスタ技術2010年8月号	9	2010_08_191.pdf
今どきのパワー・エレクトロニクス	トランジスタ技術2010年10月号	15	2010_10_070.pdf
今どきのパワー制御を体験できる実験ボードを作る	トランジスタ技術2010年10月号	11	2010_10_085.pdf
マイコンによるモータの回転コントロール	トランジスタ技術2010年10月号	12	2010_10_116.pdf
ホビー用RCサーボの使い方	トランジスタ技術2010年12月号	8	2010_12_188.pdf

モータの駆動方法

PICを使ったブレーキ機能付きモータ・コントローラ

（トランジスタ技術 2007年6月号）　6ページ

　フル・ブリッジによるモータ制御の課題についての解説と，ブレーキ機能による速度制御方法の解説です．

　PICマイコンと汎用部品を使ったDCモータ駆動用のゲート・ドライバ回路と，ブレーキ制御の具体的な方法が紹介されています（写真6-1）．

写真6-1　ブレーキ機能付きモータ・コントローラ

DCモータで位置を制御する方法

（トランジスタ技術 2009年11月号）　6ページ

　ギア付きモータに可変抵抗を連動させてフィードバックをすることで位置制御を行う実験です（写真6-2）．

　PID制御による過渡応答特性の解析結果の説明があります．

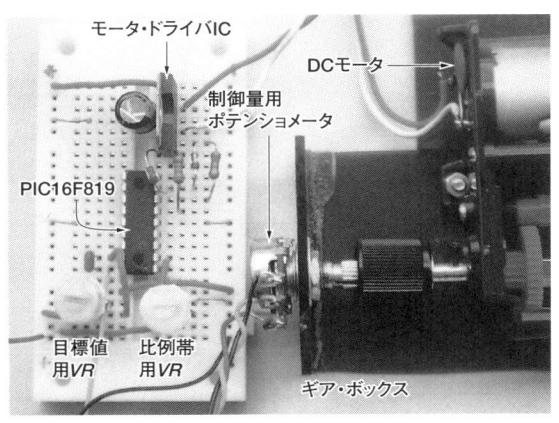

写真6-2　PICマイコンとDCモータによるサーボ・システムの実験

今どきのパワー・エレクトロニクス

（トランジスタ技術 2010年10月号）　15ページ

　パワー回路に組み込まれるマイコンの働きとPWM制御の基礎についての解説です．実際の使用例で，モータ制御とスイッチング電源制御を解説しています．

今どきのパワー制御を体験できる実験ボードを作る

(トランジスタ技術 2010年10月号)　11ページ

パワー制御を試せる実験ボードを，dsPICを使って製作しています(写真6-3)．

実際の使い方を考えて構成した回路について説明しています．dsPICの概要とパワー・アンプの概要の解説もあります．

写真6-3　パワー制御実験ボード

マイコンによるモータの回転コントロール

(トランジスタ技術 2010年10月号)　12ページ

3相のブラシレス・モータの制御方法とパワー実験ボードで接続する方法，正弦波によるモータの回転制御のプログラムの解説です(写真6-4)．

また，モータの特性を調べる方法と解析結果も説明しています．

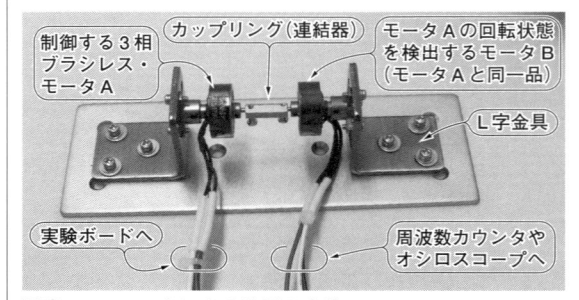

写真6-4　モータによる発電の実験

ホビー用RCサーボの使い方

(トランジスタ技術 2010年12月号)　8ページ

RCサーボの種類や仕様，使い方の基本の説明があります．さらに，実際にRCサーボを制御するプログラムの作り方も解説しています(写真6-5)．

コラムで，トルクの単位の解説をしています．

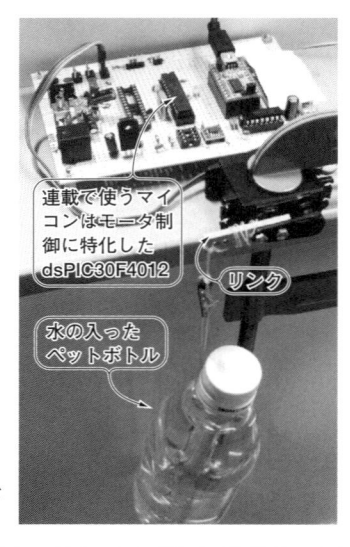

写真6-5
RCサーボで重りを持ち上げる実験

モータを使った製作例

簡易2足歩行ロボット「RCメカ・アヒル」の製作

(トランジスタ技術 2002年6月号)　9ページ

わずか3個のラジコン用サーボで，2足歩行を実現したロボットの製作例です(**写真6-6**)．

ラジコン制御となっています．プロポからの信号でサーボを駆動する方法が解説されています．

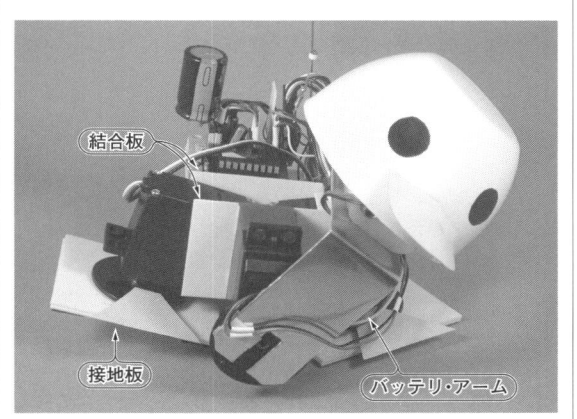

写真6-6　簡易2足歩行ロボット「RCメカ・アヒル」

餌やりロボットの製作

(トランジスタ技術 2006年1月号，2月号)
前編4ページ，後編7ページ

DCモータとギヤを使った観賞魚用餌やりロボットの製作例です(**写真6-7**)．

前編(2006年1月号)では，餌やりロボットの機構と，フル・ブリッジによるDCモータ制御の基本を解説しています．

後編(2006年2月号)では，PICを使ったモータ制御基板の製作とブリッジの制御プログラムを解説しています．

写真6-7　餌やりロボット

第7章 オーディオ

音声出力の基本からディジタル信号処理まで
後閑 哲也

　PICマイコンは音を生成したり，オーディオのアクセサリを製作したりする場合にも便利に使われています．『トランジスタ技術』では，PICマイコンで音声を扱う記事が多数掲載されています．

　本書付属CD-ROMにPDFで収録されているオーディオ関連記事の一覧を，**表7-1**に示します．

表7-1　オーディオ関連記事の一覧（複数に分類される記事は，ほかの章で概要を紹介している場合がある）

記事タイトル	掲載号	ページ数	PDFファイル名
シンプルなチャイム音ジェネレータの製作	トランジスタ技術2001年3月号	5	2001_03_343.pdf
ギター・アンプ・シミュレータ用ポケット・コントローラの製作	トランジスタ技術2001年11月号	4	2001_11_327.pdf
音声の音程をシンプルな回路で測定する方法	トランジスタ技術2003年11月号	4	2003_11_239.pdf
FT245BMを使ったUSBスピーカの製作	トランジスタ技術2005年1月号	7	2005_01_159.pdf
dsPICマイコンから音を出す	トランジスタ技術2007年9月号	6	2007_09_128.pdf
DSP機能を初体験	トランジスタ技術2007年9月号	9	2007_09_136.pdf
アナログ回路には真似のできない信号処理を体験	トランジスタ技術2007年9月号	8	2007_09_145.pdf
動作中にフィルタ特性を切り替える	トランジスタ技術2007年9月号	2	2007_09_153.pdf
固定小数点演算とオーバーフロー	トランジスタ技術2007年9月号	2	2007_09_159.pdf
ディジタル・フィルタの周波数精度や出力のSN比を改善する	トランジスタ技術2007年9月号	2	2007_09_161.pdf
dsPICで音を鳴らす	トランジスタ技術2007年11月号	4	2007_11_242.pdf
少ない命令サイクルで遅延を実現するVectorCopy	トランジスタ技術2008年3月号	4	2008_03_204.pdf
特定の周波数成分を抽出するFFTComplexIP関数	トランジスタ技術2008年4月号	4	2008_04_226.pdf
周波数成分を昇順にソートして大きさをLCDに表示する	トランジスタ技術2008年5月号	4	2008_05_220.pdf
積和演算を行うVectorDotProduct関数でIIR型LPFを作る	トランジスタ技術2008年6月号	4	2008_06_236.pdf
IIRフィルタを縦続接続して演算するIIRTransposed関数	トランジスタ技術2008年7月号	4	2008_07_220.pdf
FIR関数を使って急峻な減衰特性のロー・パス・フィルタを作る	トランジスタ技術2008年8月号	4	2008_08_224.pdf
電子音らしくない音色のメロディIC	トランジスタ技術2008年8月号	1	2008_08_260.pdf
VectorDotProduct関数で適応型フィルタを作る	トランジスタ技術2008年9月号	4	2008_09_244.pdf
2Wayスピーカ用チャネル・ディバイダの製作	トランジスタ技術2008年10月号	10	2008_10_245.pdf
dsPICでディジタル・フィルタに挑戦！	トランジスタ技術2009年1月号	9	2009_01_261.pdf
音質調整機能付き高性能パワー・アンプの製作	トランジスタ技術2010年10月号	11	2010_10_128.pdf

音の生成の基本と工夫

PICマイコンで直接音を出力するような製作例には，次のようなものがあります．いずれも，音を出す際の余韻を出すことに腐心したものとなっています．

シンプルなチャイム音ジェネレータの製作

（トランジスタ技術 2001年3月号）　5ページ

PICマイコンに抵抗のR-$2R$ラダーによるD-Aコンバータを付加して音を生成させた製作例です（**写真7-1**）．

チャイム音らしくするため，エンベロープ制御をして余韻を付加しています．

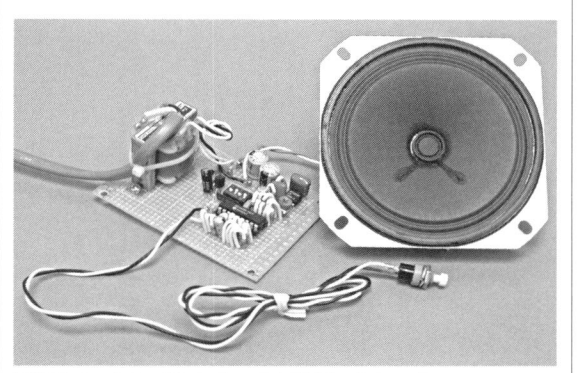

写真7-1　シンプルなチャイム音ジェネレータ

電子音らしくない音色のメロディIC

（トランジスタ技術 2008年8月号）　1ページ

PICマイコンでメロディを演奏するようにした製作例です（**写真7-2**）．

複数曲から選択できたり，より広い音域に対応させたりした製作例があります．

写真7-2　電子音らしくない音色のメロディIC

dsPICマイコンから音を出す

（トランジスタ技術 2007年9月号）　6ページ

dsPICを使って，音を直接出力する方法の解説です．アウトプット・コンペア・モジュールの機能と使い方を説明しています．

音楽を入力して，ディジタル化した後にアウトプット・コンペアで音として再出力するという例があります．

dsPICで音を鳴らす

（トランジスタ技術 2007年11月号）　4ページ

ブザーやスピーカで音を出力する方法と製作方法の解説です．

オーディオ機器のアクセサリへの応用

いろいろな楽器やオーディオのアクセサリの製作例も数多くあります．

ギター・アンプ・シミュレータ用ポケット・コントローラの製作

（トランジスタ技術 2001年11月号）　**4ページ**

ギター・アンプ・シミュレータを操作するための小型のコントローラの製作例です（**写真7-3**）．

MIDIインターフェースを使っています．

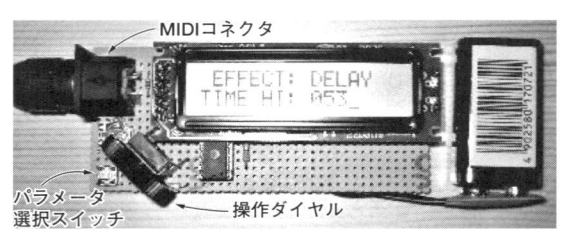

写真7-3　ギター・アンプ・シミュレータ用ポケット・コントローラ

FT245BMを使ったUSBスピーカの製作

（トランジスタ技術 2005年1月号）　**7ページ**

USB-パラレル変換ICを利用し，パラレル・インターフェースとR-$2R$ラダーによってD-A変換することで，音楽を再生するようにしたUSBスピーカの製作例です（**写真7-4**）．

サンプリング・クロックの生成にPICマイコンを使用しています．

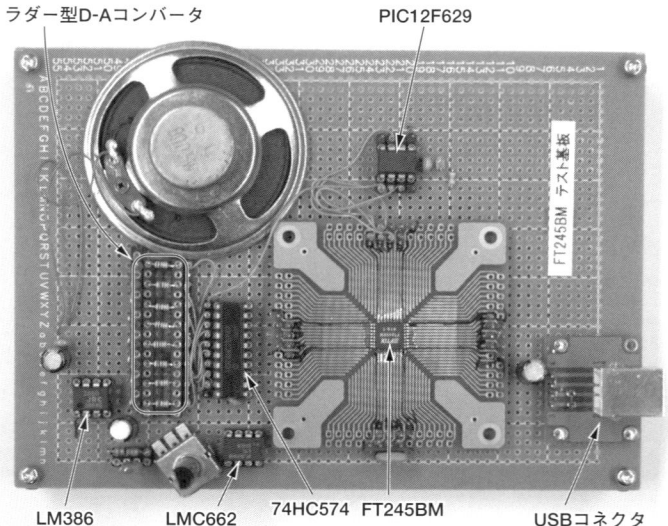

写真7-4　FT245BMを使ったUSBスピーカ

音声の音程を シンプルな回路で測定する方法

（トランジスタ技術 2003年11月号） 4ページ

音の計測器の一種で，声の音程をフィルタで検出し，鍵盤を光らせることで音程が目で分かるようにした装置の製作例です（**写真7-5**）．

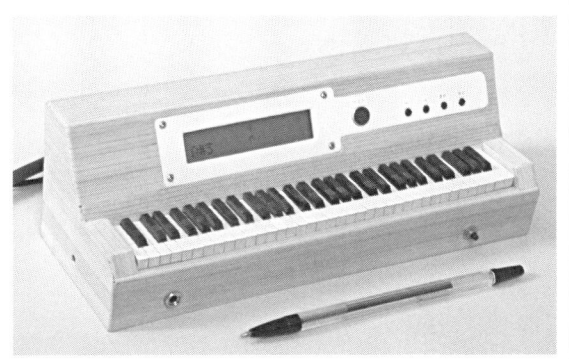

写真7-5　音程チェッカ

2Wayスピーカ用 チャネル・ディバイダの製作

（トランジスタ技術 2008年10月号） 10ページ

ディジタル・フィルタで実現したチャネル・ディバイダの製作例です（**写真7-6**）．

dsPICを本格的に使ってディジタル・フィルタを構成し，ディジタル・オーディオの信号をチャネル分離してアナログ信号として出力します．

写真7-6　2Wayスピーカ用チャネル・ディバイダ

ディジタル信号処理に関連する記事

DSP（Digital Signal Processor）機能を持つdsPICの使い方に関する特集や連載が組まれたことがあるため，ディジタル信号処理に関する記事がたくさんあります．音に関連する記事として，ディジタル・フィルタが採り上げられています．

アナログ回路には真似のできない 信号処理を体験

（トランジスタ技術 2007年9月号） 8ページ

2007年8月号に付属したdsPIC基板と，2007年9月号に付属したトレーニング・ボードを使ったディジタル・フィルタの特性強化方法の実験です．

4種類のフィルタ（LPF/BPF/BPF/BRF）をdsPICに組み込んでいます（**図7-1**）．

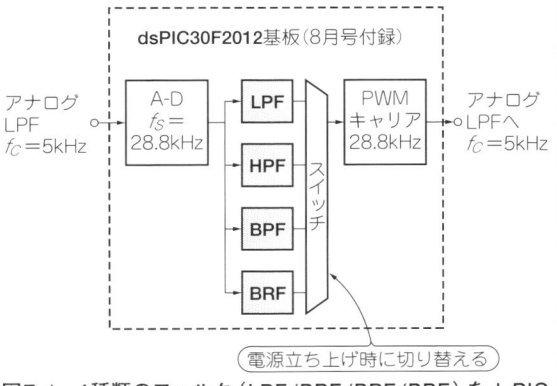

図7-1　4種類のフィルタ（LPF/BPF/BPF/BRF）をdsPICに組み込む

DSP機能を初体験

(トランジスタ技術 2007年9月号) 9ページ

2007年8月号に付属したdsPIC基板と，2007年9月号に付属したトレーニング・ボードを使ったディジタル・フィルタの実験です（図7-2）．移動平均フィルタによるLPFを詳しく解説しています．

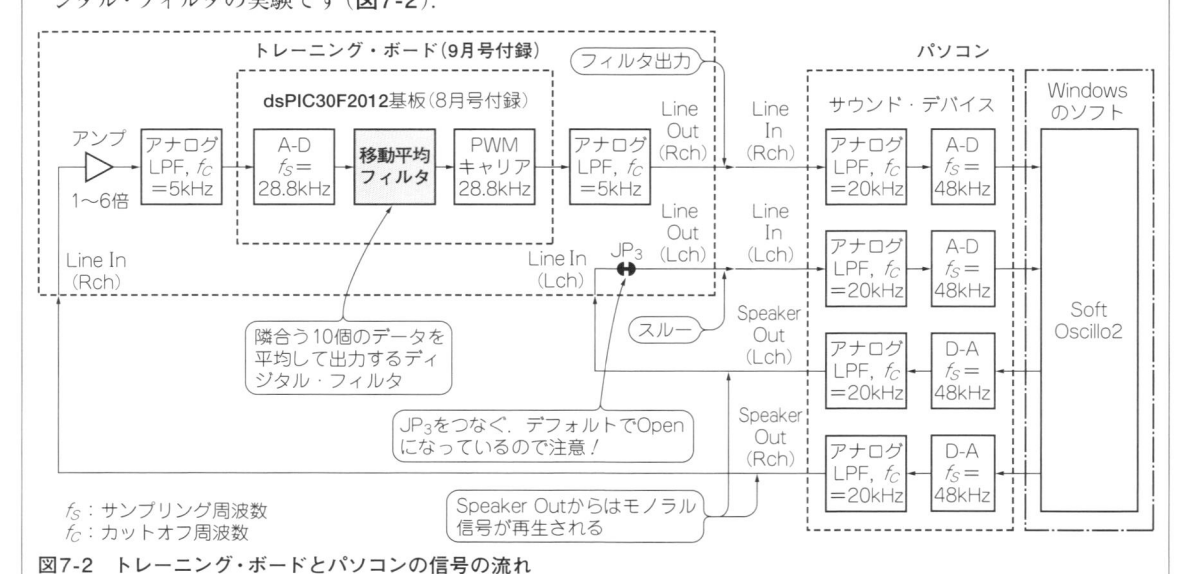

図7-2 トレーニング・ボードとパソコンの信号の流れ

f_S：サンプリング周波数
f_C：カットオフ周波数

ディジタル・フィルタの周波数精度や出力のSN比を改善する

(トランジスタ技術 2007年9月号) 2ページ

2007年8月号に付属したdsPIC基板と，2007年9月号に付属したトレーニング・ボードを使ったディジタル・フィルタの特性改善方法の実験です（図7-3）．

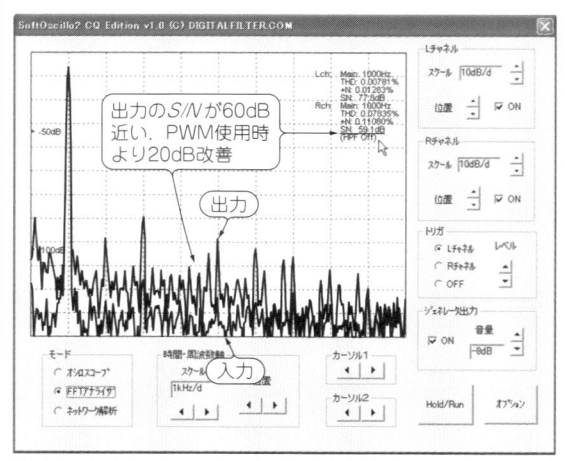

図7-3 外付けD-AコンバータICを使うとS/Nが20dB改善される

動作中にフィルタ特性を切り替える

(トランジスタ技術 2007年9月号) 2ページ

ダイナミックにフィルタ特性を切り替えるアダプティブ・フィルタの実験です（図7-4）．2007年8月号に付属したdsPIC基板と，2007年9月号に付属したトレーニング・ボードを使っています．

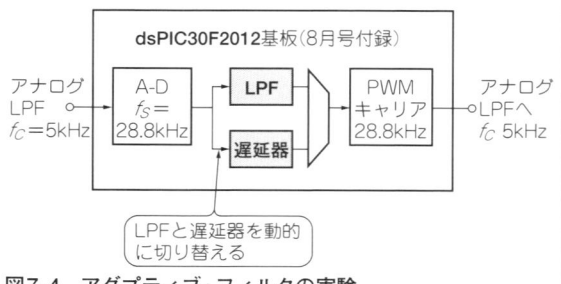

図7-4 アダプティブ・フィルタの実験

連載 DSP関数を使ってみよう

（トランジスタ技術 2008年3月号～9月号）　**全28ページ**

2007年8月号に付属したdsPIC基板と，2007年9月号に付属したトレーニング・ボードで実験をしながらディジタル信号処理の解説をする，全7回の連載です．

・第1回：少ない命令サイクルで遅延を実現するVectorCopy

ディジタル・フィルタそのものを遅延関数を使って作成する方法の解説です．

・第2回：特定の周波数成分を抽出するFFT ComplexIP関数

高速フーリエ変換関数を使って周波数特性を解析する方法の解説です．

・第3回：周波数成分を昇順にソートして大きさをLCDに表示する

高速フーリエ変換関数で簡易周波数アナライザを製作する方法の解説です．

・第4回：積和演算を行うVectorDotProduct関数でIIR型LPFを作る

IIRフィルタを関数から作成する方法の解説です．

・第5回：IIRフィルタを縦続接続して演算するIIRTransposed関数

IIRフィルタ関数を多段接続してフィルタ特性を改善する方法の解説です．

・第6回：FIR関数を使って急峻な減衰特性のロー・パス・フィルタを作る

FIR関数を使ってフィルタを構成する方法の解説です．

・第7回：VectorDotProduct関数で適応型フィルタを作る

自己相関値を求めてフィルタの適用をするしないを決める適応型フィルタの作成方法の解説です．

dsPICでディジタル・フィルタに挑戦！

（トランジスタ技術 2009年1月号）　**9ページ**

ディジタル・フィルタをdsPICで構成して，アナログ信号の入出力波形の違いを観測する実験です（**写真7-7**）．

筆者作のWaveProcessorというソフトを使ってフィルタ係数を求め，それをdsPICのフィルタに組み込んで周波数特性の確認をしています．

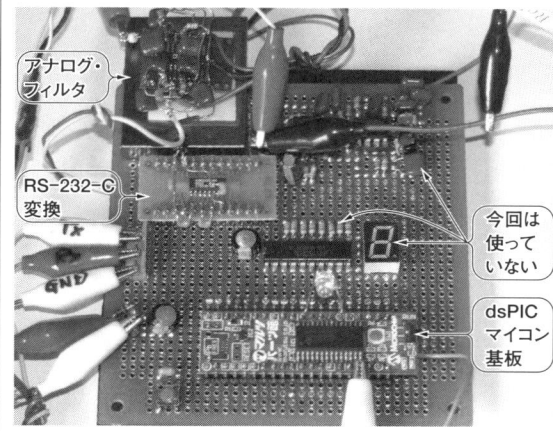

写真7-7　実験基板

音質調整機能付き高性能パワー・アンプの製作

（トランジスタ技術 2010年10月号）　**11ページ**

Dクラスのオーディオ・アンプの製作例です（**写真7-8**）．パワー実験ボードを使用しています．

Dクラス・アンプの概要の解説もあります．さらに，dsPICのディジタル・フィルタによるイコライザの作り方とプログラム作成の注意について解説しています．

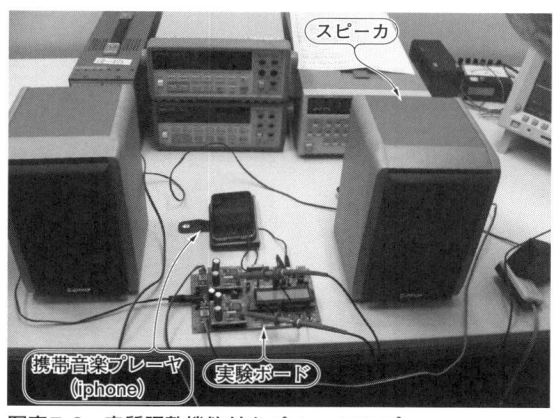

写真7-8　音質調整機能付きパワー・アンプ

第8章 コネクティビティ

赤外線通信，RS-232-C，USB，Ethernet
後閑 哲也

PICマイコンには，USARTからUSB，Ethernetまで多くの通信機能が内蔵されています．『トランジスタ技術』では，PICマイコンの通信機能を活用する記事が多数掲載されています．

本書付属CD-ROMにPDFで収録されているコネクティビティ関連記事の一覧を，**表8-1**に示します．

表8-1 コネクティビティ関連記事の一覧（複数に分類される記事は，ほかの章で概要を紹介している場合がある）

記事タイトル	掲載号	ページ数	PDFファイル名
プリンタ節電機の製作	トランジスタ技術2002年6月号	8	2002_06_195.pdf
USB接続のAM専用ラジオの製作	トランジスタ技術2002年8月号	13	2002_08_258.pdf
汎用性を高めたPICマイコンのクロック回路/便利なリアルタイム・クロックICとマイコンの接続回路（3題）/転送速度別USBコントローラICを使用した回路例（3題）	トランジスタ技術2004年3月号	6	2004_03_270.pdf
4入力モニタ付き警報装置の製作	トランジスタ技術2005年10月号	10	2005_10_257.pdf
RS-232インターフェースの詳細と実例	トランジスタ技術2006年6月号	23	2006_06_115.pdf
汎用入出力ポートを使ったシリアル通信のテクニック	トランジスタ技術2006年6月号	6	2006_06_140.pdf
1本でデータ通信と電源供給を行う1-Wireインターフェース	トランジスタ技術2006年6月号	3	2006_06_168.pdf
USB実験用プログラマブル電源の製作	トランジスタ技術2006年8月号	11	2006_08_164.pdf
USBロジック・アナライザ＆パターン・ジェネレータの製作	トランジスタ技術2006年8月号	12	2006_08_175.pdf
センサ・モジュールのデータ通信設計	トランジスタ技術2006年9月号	8	2006_09_156.pdf
イーサネットに直結！PIC18F67J60	トランジスタ技術2007年2月号	9	2007_02_181.pdf
USBに直結！PIC18F4550	トランジスタ技術2007年3月号	9	2007_03_181.pdf
インターフェース＆データ変換用ワンチップ	トランジスタ技術2008年1月号	14	2008_01_124.pdf
IP電話のしくみを使ったLAN専用「VoIPインターホン」	トランジスタ技術2008年7月号	8	2008_07_234.pdf
アナログ-USBコンバータ	トランジスタ技術2008年7月号	1	2008_07_260.pdf
通信回路の種類と作り方	トランジスタ技術2008年10月号	27	2008_10_136.pdf
UARTを使ってシリアル通信制御をしてみよう	トランジスタ技術2008年11月号	10	2008_11_201.pdf
アウトプット・コンペアを使ってパルスを出力してみよう	トランジスタ技術2008年12月号	10	2008_12_203.pdf
インプット・キャプチャを使って入力パルスに応じた制御をしてみよう	トランジスタ技術2009年1月号	8	2009_01_179.pdf
SPIを利用してSDメモリーカードにアクセスしてみよう	トランジスタ技術2009年3月号	7	2009_03_223.pdf
SPIとSDメモリーカードを利用したディジタル温度計の製作	トランジスタ技術2009年4月号	6	2009_04_194.pdf
USBで使えるFPGAダウンロード・ケーブルの製作	トランジスタ技術2010年3月号	10	2010_03_191.pdf

RS-232-C通信

最も基本のシリアル・インターフェースとしてRS-232-Cがあります．これの解説と製作記事には，次のようなものがあります．

RS-232インターフェースの詳細と実例

（トランジスタ技術 2006年6月号） 23ページ

　RS-232-Cの仕様の詳細と，PICマイコンを含む数種類のマイコンのUARTモジュールを使ってRS-232-C通信をする方法の詳細な解説です．

汎用入出力ポートを使ったシリアル通信のテクニック

（トランジスタ技術 2006年6月号） 6ページ

　PIC16F84Aなどのように，UARTモジュールを持たないマイコンで，汎用I/Oポートを使ってシリアル通信を実現する方法の解説です．

センサ・モジュールのデータ通信設計

（トランジスタ技術 2006年9月号） 8ページ

　ロボット内のセンサをシリアル通信で接続してデータ収集するシステムの解説です．センサ・モジュールにPICマイコンが用いられています．

UARTを使ってシリアル通信制御をしてみよう

（トランジスタ技術 2008年11月号） 10ページ

　dsPICのUARTモジュールの解説と使い方について解説しています．
　具体的な例として，パソコンからのコマンドで実験ボードを通信制御しています（**写真8-1**）．

通信回路の種類と作り方

（トランジスタ技術 2008年10月号） 27ページ

　USB，RS-232-C，Ethernet，I²C，SPI，赤外線，IrDAに関する規格の解説と実際の使用例の紹介です．
　これらの通信機能を内蔵したマイコンとして，PICマイコンが採り上げられています．

写真8-1　パソコンからのコマンドで実験ボードを通信制御

インターフェース&データ変換用ワンチップ

(トランジスタ技術 2008年1月号) 14ページ

RS-232-CやSPIインターフェースをほかのインターフェースに変換する機能を，PICを含むいくつかのマイコンで製作する方法の解説です（**写真8-2**）．

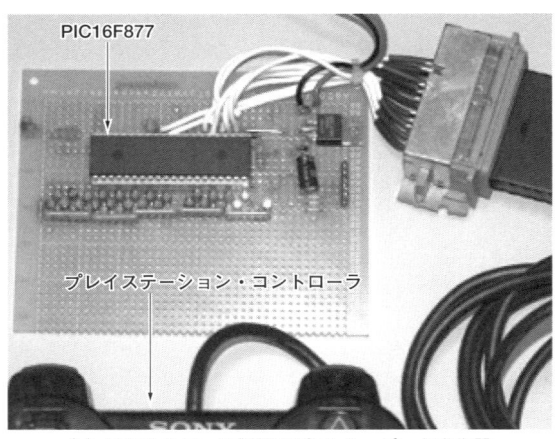

（a）PSコントローラ制御のパラレル・データ発生器　　（b）PSコントローラ制御の赤外線データ送受信
写真8-2　インターフェース変換機能の設計例

USB通信

USBモジュールを内蔵したPICマイコンは種類が多く，いろいろな用途に合わせて選択して使うことができます．製作例も多く，次のようなものがあります．

USB実験用プログラマブル電源の製作

(トランジスタ技術 2006年8月号) 11ページ

USBインターフェースから電源供給する，可変電圧の電源の製作です．電圧設定とモニタをUSB経由でパソコンからできるようにしています．

USBに直結！ PIC18F4550

(トランジスタ技術 2007年3月号) 9ページ

USBモジュールを内蔵したPICマイコンの紹介と使い方の解説です．

USB接続のAM専用ラジオの製作

（トランジスタ技術 2002年8月号） 13ページ

　本格的なディジタル・チューナの製作の解説です（**写真8-3**）．

　USBコントローラとPICマイコンで構成し，USBラジオの局選択をパソコンからできるようにしています．さらに，ラジオ・チューナ部も自作し，局部発振にはCPLDを使っています．

写真8-3　USB接続のAM専用ラジオ

アナログ-USBコンバータ

（トランジスタ技術 2008年7月号） 1ページ

　USB接続の簡易データ・ロガーを製作しています（**写真8-4**）．

　アナログ信号をディジタル化してパソコンに送信する装置です．

写真8-4　アナログ-USBコンバータ

USBで使えるFPGAダウンロード・ケーブルの製作

（トランジスタ技術 2010年3月号） 10ページ

　USB接続でFPGAをプログラミングできるツールの製作例です（**写真8-5**）．

　アルテラ社が提供しているJRunnerというプログラムをUSB用に改造して製作しています．USBのインターフェース部に，PICマイコンを使っています．

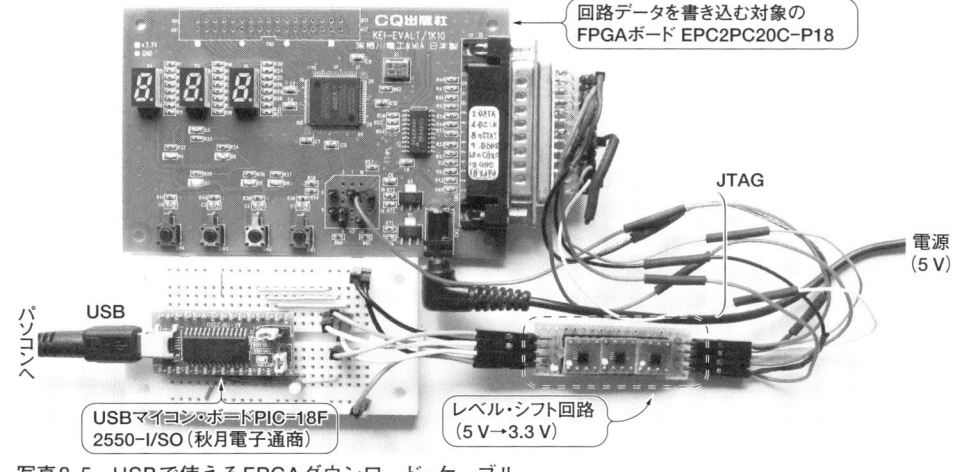

写真8-5　USBで使えるFPGAダウンロード・ケーブル

イーサネットに直結！PIC18F67J60

（トランジスタ技術 2007年2月号）　9ページ

Ethernetモジュールを内蔵したPICマイコンの紹介です．製作例として，LAN接続の汎用I/Oユニットが採り上げられています（**写真8-6**）．

Ethernetモジュールを内蔵したPICやEthernetコントローラを使ってLAN通信をした製作例です．

写真8-6　LAN接続の汎用I/Oユニット

IP電話のしくみを使ったLAN専用「VoIPインターホン」

（トランジスタ技術 2008年7月号）　8ページ

dsPICとEthernetコントローラを組み合わせた設計事例です．音声をIPネットワーク上で送受信できるようにしたインターネット経由のインターホンを製作しています（**写真8-7**）．

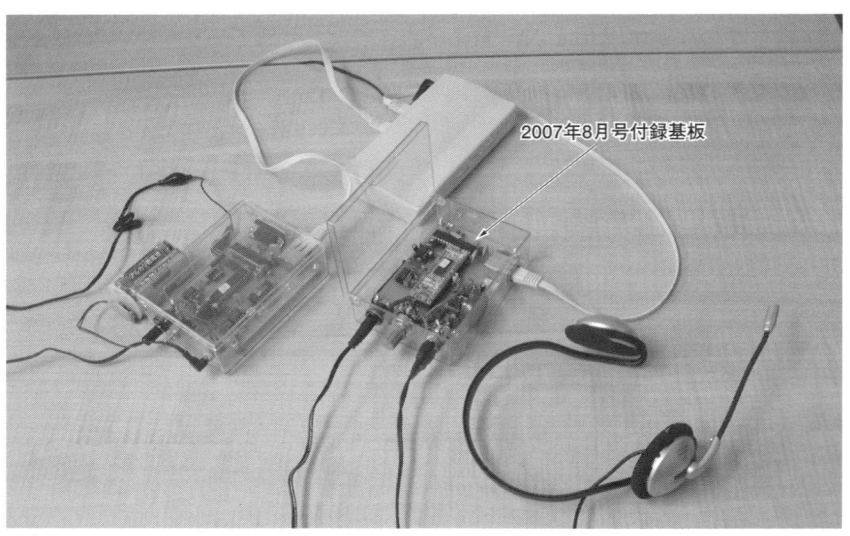

写真8-7　VoIPインターホン

パラレル通信ほか

I²Cやパラレル通信を使った製作例です．

1本でデータ通信と電源供給を行う1-Wireインターフェース

（トランジスタ技術 2006年6月号） **3ページ**

1-Wireインターフェースを使ったEEPROMの紹介と，PICマイコンとのインターフェース方法の解説です．

プリンタ節電機の製作

（トランジスタ技術 2002年6月号） **8ページ**

最近ではあまり使われなくなりましたが，プリンタとのパラレル・インターフェースを使った記事もあります．

パラレル・ポートの標準規格IEEE 1284の機能からプリンタの不要時間を取得し，プリンタの電源をON/OFFする機能を持ったユニットの製作例を解説しています（**写真8-8**）．

写真8-8　プリンタ節電機

| 基礎知識 | 記事ダイジェスト | 記事一覧 |

第9章　電源制御・管理

電池の充放電器の製作とディジタル制御電源の設計
後閑 哲也

　最近では電源の制御回路のディジタル化が進んでおり，PICマイコンも多く使われています．簡単な電源の場合にはPIC16ファミリも使われますし，本格的な電源用としてスイッチング電源専用のSMPSファミリが発売されています．

　『トランジスタ技術』では，PICマイコンを電源制御や電源管理で活用する記事が多数掲載されています．電池の充電放電器の製作例も多く，微妙な充電完了判定や，放電充電の切り替えなどに便利に使われています．

　本書付属CD-ROMにPDFで収録されている電源関連記事の一覧を表9-1に示します．

表9-1　電源関連記事の一覧（複数に分類される記事は，ほかの章で概要を紹介している場合がある）

記事タイトル	掲載号	ページ数	PDFファイル名
6V, 500mAhの太陽電池充放電回路の試作	トランジスタ技術2003年3月号	8	2003_03_262.pdf
ニカド/ニッケル水素電池用急速チャージャの製作	トランジスタ技術2003年8月号	8	2003_08_239.pdf
PICマイコンで作る昇降圧コンバータ	トランジスタ技術2004年7月号	5	2004_07_274.pdf
充放電コントローラの製作	トランジスタ技術2005年9月号	12	2005_09_142.pdf
人体センサを使った自動ON/OFFライトの製作	トランジスタ技術2005年9月号	10	2005_09_154.pdf
太陽電池をフルパワー発電させるMPPTの製作	トランジスタ技術2005年9月号	11	2005_09_164.pdf
NiMH蓄電池の充電不足チェッカの製作	トランジスタ技術2005年11月号	7	2005_11_255.pdf
USB実験用プログラマブル電源の製作	トランジスタ技術2006年8月号	11	2006_08_164.pdf
充放電制御＆電源セレクタ MAX1538	トランジスタ技術2007年2月号	8	2007_02_190.pdf
電源用ワンチップ	トランジスタ技術2008年1月号	8	2008_01_116.pdf
パワー回路の考え方・作り方	トランジスタ技術2008年10月号	12	2008_10_124.pdf
体験！dsPICを使った降圧DC-DCの製作	トランジスタ技術2009年9月号	19	2009_09_101.pdf
ディジタル制御PFC設計 初めの一歩	トランジスタ技術2009年9月号	9	2009_09_145.pdf
今どきのパワー・エレクトロニクス	トランジスタ技術2010年10月号	15	2010_10_070.pdf
マイコン制御のLED電気スタンドを作る	トランジスタ技術2010年10月号	10	2010_10_106.pdf
音質調整機能付き高性能パワー・アンプの製作	トランジスタ技術2010年10月号	11	2010_10_128.pdf
太陽光パネルによる鉛蓄電池の高効率充電	トランジスタ技術2010年10月号	9	2010_10_139.pdf
dsPICマイコンの初期設定	トランジスタ技術2010年10月号	3	2010_10_148.pdf
誤差増幅回路をマイコンに作り込む方法	トランジスタ技術2010年10月号	3	2010_10_151.pdf
1F, 5.5Vで1.7時間連続動作！ソーラ・データ・ロガーの製作	トランジスタ技術2010年11月号	5	2010_11_151.pdf
ディジタル化のメリットと専用マイコン	トランジスタ技術2010年11月号	5	2010_11_180.pdf
ソフトウェア制御のDC-DCコンバータを作る	トランジスタ技術2010年12月号	10	2010_12_228.pdf

電池の充電放電器

ニカドやリチウムイオンの充電池に対する充放電器の製作例は多く，次のような製作例があります．

6 V，500 mAhの太陽電池充放電回路の試作

（トランジスタ技術 2003年3月号） 8ページ

日中に太陽電池でニッケル水素電池を充電しておき，夜間の自転車のライトを点灯させるという装置の製作の解説です（**写真9-1**）．

PICマイコンで太陽電池のMPPT（Maximum Power Point Tracker）制御を行い，最大効率で充電しています．

写真9-1　6 V，500 mAhの太陽電池充放電回路

ニカド/ニッケル水素電池用急速チャージャの製作

（トランジスタ技術 2003年8月号） 8ページ

電池ホルダの接触不良や接触電位差による事故や誤差を回避する方法を考えて実現した充電器の解説です（**写真9-2**）．

単2から単4，ガム型の多種類の電池4本をそれぞれ独立に充電できます．

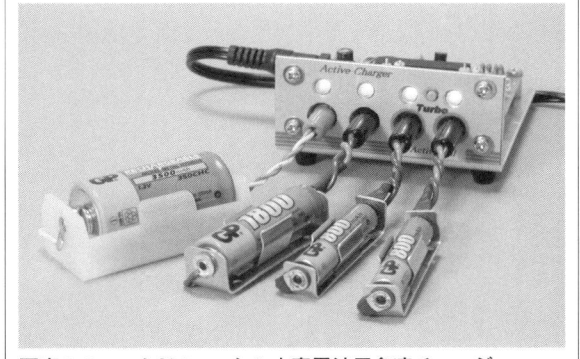

写真9-2　ニカド/ニッケル水素電池用急速チャージャ

充放電コントローラの製作

（トランジスタ技術 2005年9月号） 12ページ

太陽電池から12 Vの蓄電池を充電し，負荷への放電時もモニタして過放電を防止するコントローラの解説です（**写真9-3**）．

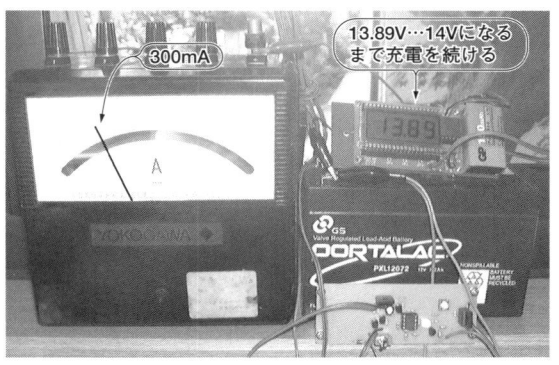

写真9-3　充放電コントローラ

NiMH蓄電池の充電不足チェッカの製作

(トランジスタ技術 2005年11月号)　7ページ

　ニッケル水素電池やニカド電池の無負荷時と負荷時の電池電圧を測定し，セグメントLEDに表示することで充電状態を確認できるようにしたチェッカの製作例です（**写真9-4**）．

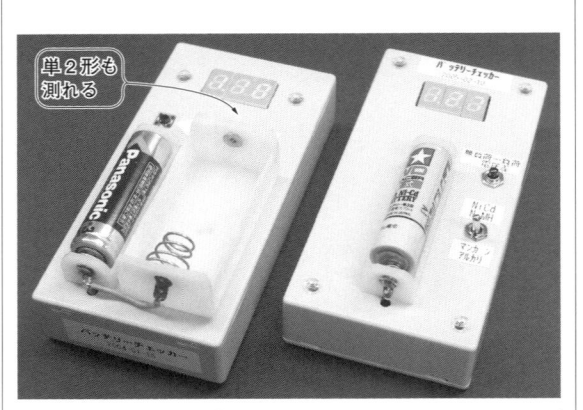

（a）電源外付けタイプ　（b）被測定電池から電源を取るタイプ
写真9-4　NiMH蓄電池の充電不足チェッカ

充放電制御＆電源セレクタ MAX1538

(トランジスタ技術 2007年2月号)　8ページ

　充放電制御専用ICの紹介と，電池を二重化して，停電しないように制御する装置の製作例です（**写真9-5**）．
　バックアップ電池を内蔵する5V出力の実験用電源で，全体制御のためにPICマイコンを利用しています．

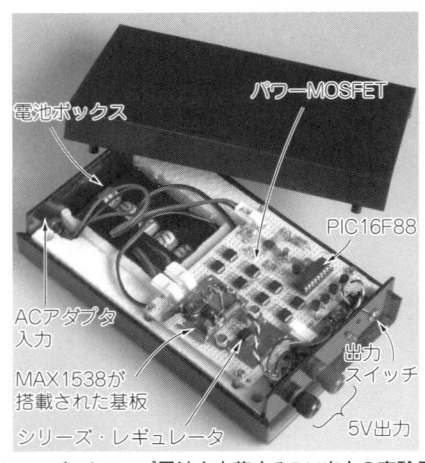

写真9-5　バックアップ電池を内蔵する5V出力の実験用電源

太陽光パネルによる鉛蓄電池の高効率充電

(トランジスタ技術 2010年10月号)　9ページ

　パワー実験ボードを使用して，太陽光パネルの出力で鉛蓄電池を充電する定電圧，定電流電源を構成しています（**図9-1**）．

　太陽光パネルの特性や鉛蓄電池の充放電特性など多くの実験の解説があります．またコラムには鉛蓄電池の取り扱い方の解説もあります．

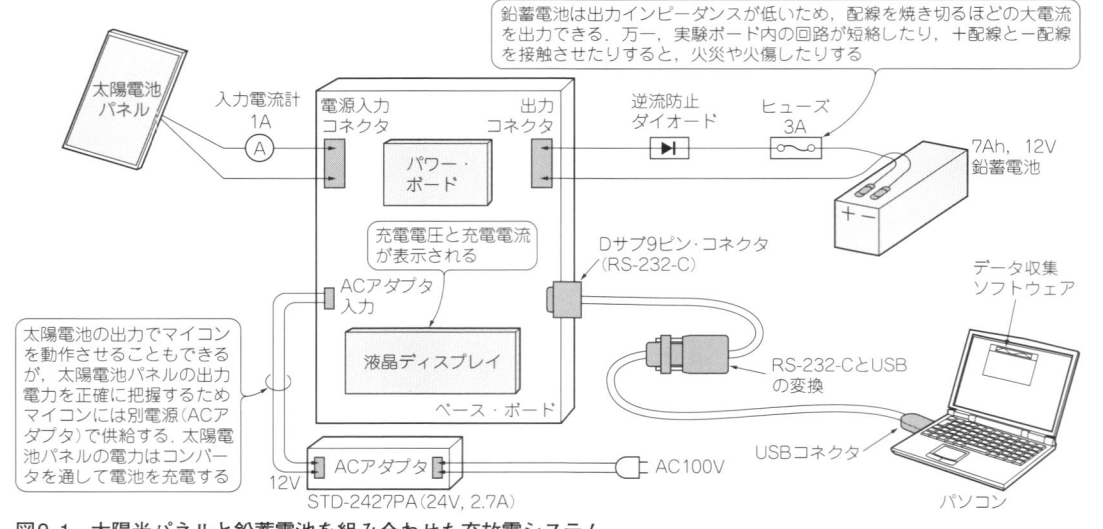

図9-1　太陽光パネルと鉛蓄電池を組み合わせた充放電システム

DC-DC電源の製作例

基本となるスイッチング電源の設計方法の解説やICの解説には次のようなものがあります．

電源用ワンチップ

（トランジスタ技術 2008年1月号） 8ページ

　電源制御用の多様なICについての紹介と使用例が解説されています．
　PICマイコンを使って，昇降圧型DC-DCコンバータとニカド/ニッケル水素2次電池の急速充電制御回路を設計しています．

パワー回路の考え方・作り方

（トランジスタ技術 2008年10月号） 12ページ

　マイコンの負荷増強方法や，モータ駆動，リレー駆動，AC電源の駆動方法について詳しく解説されています．
　ACを連続に可変する位相制御回路にPICマイコンを活用する方法が紹介されています．

PICマイコンで作る昇降圧コンバータ

（トランジスタ技術 2004年7月号） 5ページ

　簡単な回路構成で昇圧と降圧が可能なコンバータをPICマイコンで製作しています（写真9-6）．
　この結果2Vから6.5Vの入力に対し3.3V一定の電圧を出力可能としています．

人体センサを使った自動ON/OFFライトの製作

（トランジスタ技術 2005年9月号） 10ページ

　日中に太陽電池で蓄電池を充電しておき，夜間に人感センサを使って人を検知したら，LEDライトを点灯させるという自動ON/OFFライトの製作例です（写真9-7）．

写真9-6　PICマイコンで作る昇降圧コンバータ

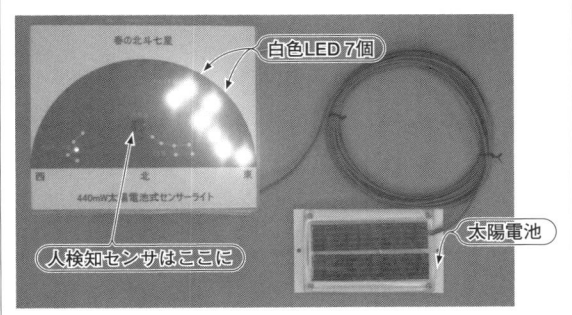

写真9-7　自動ON/OFFライト

| 基礎知識 | 記事ダイジェスト | 記事一覧 |

太陽電池をフルパワー発電させるMPPTの製作

（トランジスタ技術 2005年9月号）　**11ページ**

　太陽電池を使う場合に最も効率の良い状態で使うための制御であるMPPTの解説です．実際にMPPT制御を行う充電器をPICマイコンを使って製作しています（**写真9-8**）．

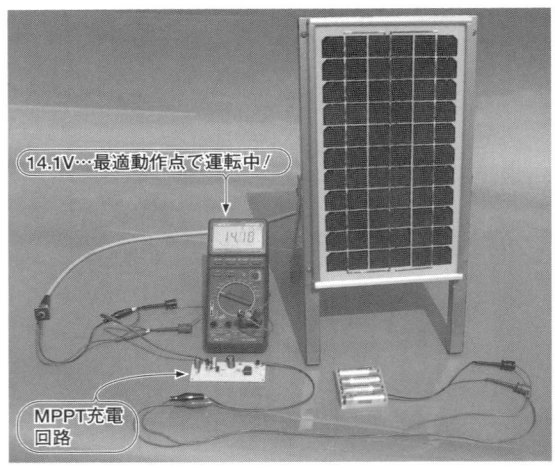

写真9-8　MPPT制御を行う充電器

体験！dsPICを使った降圧DC-DCの製作

（トランジスタ技術 2009年9月号）　**19ページ**

　dsPICを使った降圧電源の製作例です（**写真9-9**）．
　パワー・エレクトロニクスの基礎として，部品の選択法から回路設計の仕方を詳しく解説しています．またプログラムの作り方の手順も詳しく解説しています．

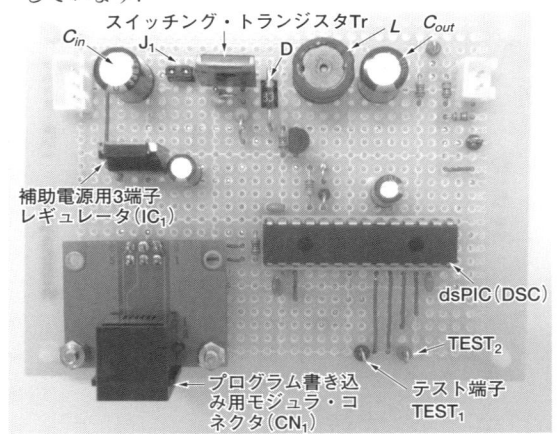

写真9-9　dsPICを使った降圧電源

ディジタル制御PFC設計初めの一歩

（トランジスタ技術 2009年9月号）　**9ページ**

　力率制御（PFC）の考え方とハードウェア，ソフトウェアの作り方を詳しく解説しています．特に制御補償の方法と補償値の決め方を詳しく解説しています．
　マイクロチップ社のリファレンスデザインを使っています（**写真9-10**）．

写真9-10　dsPICを使ったAC-DCコンバータ

マイコン制御のLED電気スタンドを作る

（トランジスタ技術 2010年10月号）　**10ページ**

　高輝度LEDを使った電気スタンドの製作例です（**写真9-11**）．
　色合いを制御しながら明るさを可変する方法とプログラムの作成方法を解説しています．またPWMの波形が色合いに及ぼす影響についても解説しています．

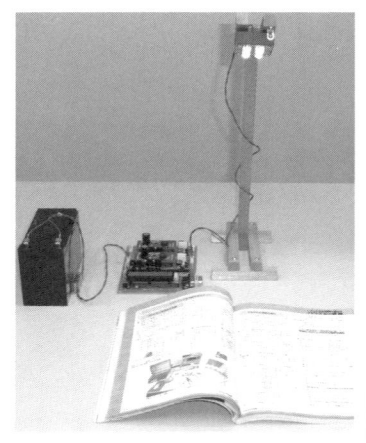

写真9-11　LED電気スタンド

dsPICマイコンの初期設定

（トランジスタ技術 2010年10月号）　3ページ

　パワー実験ボードの使い方の説明で，特にdsPICのA-Dコンバータの使い方の詳細な解説があります．

ディジタル化のメリットと専用マイコン

（トランジスタ技術 2010年11月号）　5ページ

　スイッチング電源をマイコンによりディジタル化するメリットと，必要なマイコンの特性を解説しています．

誤差増幅回路をマイコンに作り込む方法

（トランジスタ技術 2010年10月号）　3ページ

　誤差増幅回路をプログラムで作成するために，誤差増幅器の伝達関数を求めそれを離散値に変換する方法を解説しています．

ソフトウェア制御のDC-DCコンバータを作る

（トランジスタ技術 2010年12月号）　10ページ

　dsPICを使った降圧スイッチング電源の設計方法の解説です．安定動作のためのノウハウ，実際の特性の測定方法，周波数特性の最適化の方法などの説明もあります．

1F，5.5Vで1.7時間連続動作！ソーラ・データ・ロガーの製作

（トランジスタ技術 2010年11月号）　5ページ

　太陽電池と電気二重層キャパシタを組み合わせた電源で長時間動作可能なデータ・ロガーの製作例です（写真9-12）．

　特に低消費電力化するため，PICマイコンのスリープの使い方，FRAMの使い方，DC-DCコンバータの使い方を解説しています．

写真9-12　ソーラ・データ・ロガー
（a）外観　（b）内部

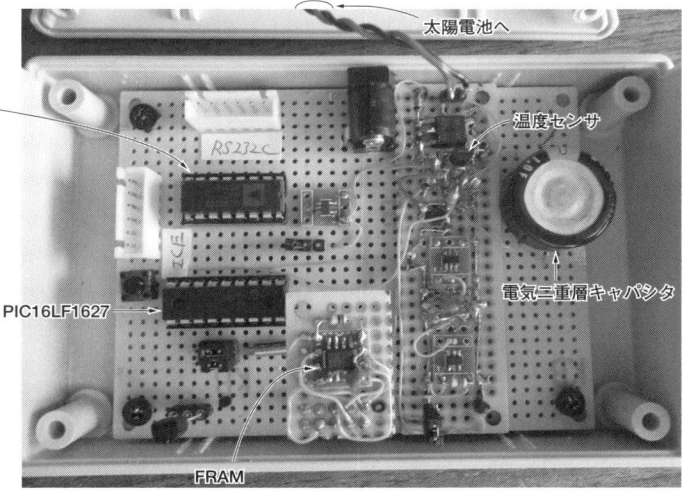

第10章 開発ツール

ライタや開発ボード,ソフトウェア・ツールの自作
後閑 哲也

　PICマイコン用の開発ツールは,比較的簡単に自作できます.『トランジスタ技術』では,ライタなどのハードウェアや,コンパイラなどのソフトウェアの開発ツールの製作記事が数多くあります.

　本書付属CD-ROMにPDFで収録されている開発ツール関連記事の一覧を,**表10-1**に示します.

表10-1 開発ツール関連記事の一覧(複数に分類される記事は,ほかの章で概要を紹介している場合がある)

記事タイトル	掲載号	ページ数	PDFファイル名
CCS-Cの概要と開発手順	トランジスタ技術2001年8月号	7	2001_08_315.pdf
シリアル・ポート接続型PICライタの製作	トランジスタ技術2001年9月号	19	2001_09_277.pdf
AVR用&PIC用タイニー・デバッグ・モニタ	トランジスタ技術2002年8月号	5	2002_08_290.pdf
低電圧PICライタとWindows XP対応PICライタの製作	トランジスタ技術2002年11月号	11	2002_11_124.pdf
PIC逆アセンブラ「帝 ver.3」の制作	トランジスタ技術2002年11月号	3	2002_11_135.pdf
CFカード制御プログラム開発用の実験ボード	トランジスタ技術2007年2月号	21	2007_02_160.pdf
付録マイコン基板の動作テストと通信テスト	トランジスタ技術2007年8月号	8	2007_08_105.pdf
ソフトウェア開発環境の構築と使用方法	トランジスタ技術2007年8月号	13	2007_08_113.pdf
付録マイコン基板のハードウェアと拡張方法	トランジスタ技術2007年8月号	7	2007_08_126.pdf
dsPICのI/Oポートの概要とプログラム書き込みの方法	トランジスタ技術2007年8月号	9	2007_08_133.pdf
付録トレーニング・ボードの組み立てと使い方	トランジスタ技術2007年9月号	10	2007_09_101.pdf
生まれ変わったPICマイコン	トランジスタ技術2007年9月号	3	2007_09_111.pdf
動作中にフィルタ特性を切り替える	トランジスタ技術2007年9月号	6	2007_09_153.pdf
パソコンから付録基板にデータを転送する	トランジスタ技術2008年2月号	4	2008_02_264.pdf
トレーニング・ボードの製作	トランジスタ技術2008年4月号	10	2008_04_187.pdf
開発ツールの使い方を身につけよう	トランジスタ技術2008年5月号	8	2008_05_198.pdf
PIC16F84エミュレータの製作	トランジスタ技術2009年2月号	6	2009_02_240.pdf
マイコン開発ってどうやるの?	トランジスタ技術2009年4月号	11	2009_04_098.pdf
マイコンを使ってLEDをコントロールしてみよう	トランジスタ技術2009年4月号	10	2009_04_109.pdf
マイコンを使ってスイッチを読み取ってみよう	トランジスタ技術2009年4月号	9	2009_04_119.pdf
マイコンを使ってボリュームを読み取ってみよう	トランジスタ技術2009年4月号	8	2009_04_128.pdf
タイマ・モジュールを使ったストップウォッチの製作	トランジスタ技術2009年4月号	12	2009_04_136.pdf
マイコン・プログラミングのためのC言語入門	トランジスタ技術2009年4月号	6	2009_04_148.pdf
5.5 V定格のICに12 Vが加わる?!	トランジスタ技術2010年7月号	2	2010_07_222.pdf

ハードウェア開発ツールの製作

ハードウェア開発ツールとしては，ライタの製作例が多くなっています．

シリアル・ポート接続型PICライタの製作

（トランジスタ技術 2001年9月号） 19ページ

PIC16F84用のライタのハードウェア製作と，表計算ソフトウェアExcelのVBAベースで作成したライタ・プログラムの解説です．

写真10-1 シリアル・ポート接続型PICライタ

低電圧PICライタとWindows XP対応PICライタの製作

（トランジスタ技術 2002年11月号） 11ページ

低電圧で書き込めるPICライタのハードウェアの製作と，Windows XPでも使える書き込み用プログラムとライタ・ハードウェアの製作です（**写真10-2**）．

低電圧PICライタに対応したTVチューナ回路も解説されています．

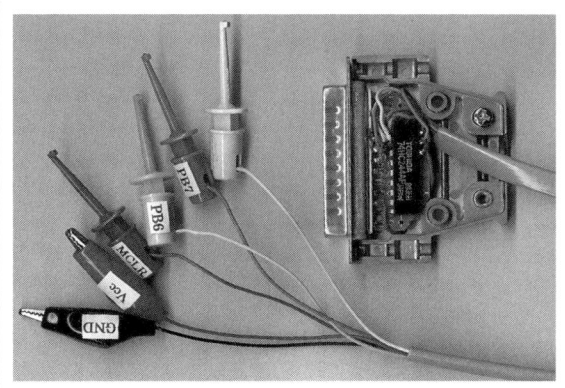

写真10-2 低電圧PICライタ

CFカード制御プログラム開発用の実験ボード

（トランジスタ技術 2007年2月号） 21ページ

CompactFlash（CF）カードの使用に必要なハードウェアの開発方法を解説しています（**写真10-3**）．

また，パソコンで使うFATファイル・システムを説明し，フリーのファイル・システムを移植する方法についても解説しています．

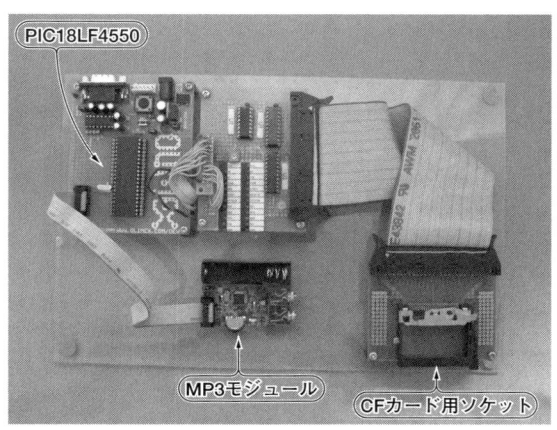

写真10-3 CFカード制御プログラム開発用の実験ボード

特集 PICで体験するマイコンの世界

(トランジスタ技術 2007年8月号)

37ページ

2007年8月号にはdsPIC基板が付属し，これを活用する特集記事がありました．

・付録マイコン基板の動作テストと通信テスト（第1章）

はんだ付けを行わずに，dsPIC基板の動作テストを行う方法を詳細に解説しています（**写真10-4**）．さらに，ブレッドボードを使って回路を作成してRS-232-Cを使った通信のテスト方法についても解説しています．

・ソフトウェア開発環境の構築と使用方法（第2章）

dsPICのプログラム開発に必要な開発環境の構築方法の解説です．

ソフトウェア開発ツールであるMPLAB IDEとMPLAB C30 Cコンパイラのインストール方法から，実際のプログラムを作成する手順が，dsPIC基板をベースにして解説されています（**図10-1**）．

・付録マイコン基板のハードウェアと拡張方法（第3章）

dsPIC用基板の回路や実装内容の解説と，USBコネクタやピン・ヘッダなどの部品を拡張する方法について詳説しています（**写真10-5**）．

・dsPICのI/Oポートの概要とプログラム書き込みの方法（第4章）

dsPIC基板に搭載されたマイコンのI/Oポートの内部構成の解説と，C言語でのプログラミング方法について詳しく解説しています．

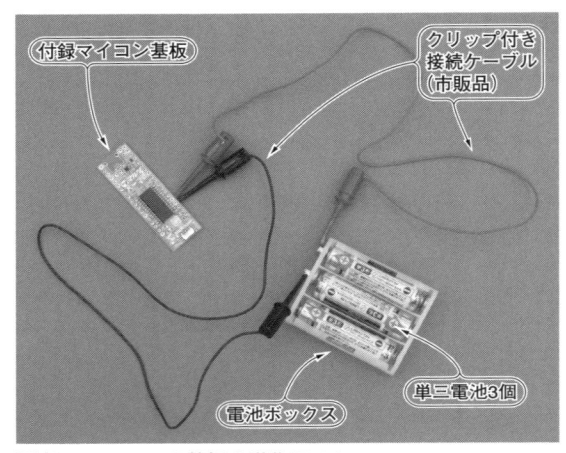

写真10-4　dsPIC基板の動作テスト

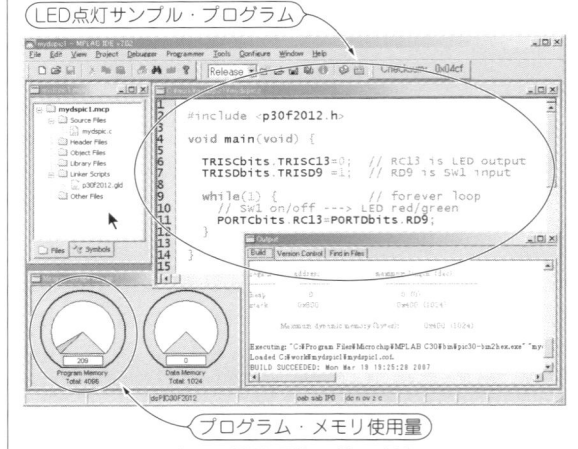

図10-1　ソフトウェア開発環境の使用方法

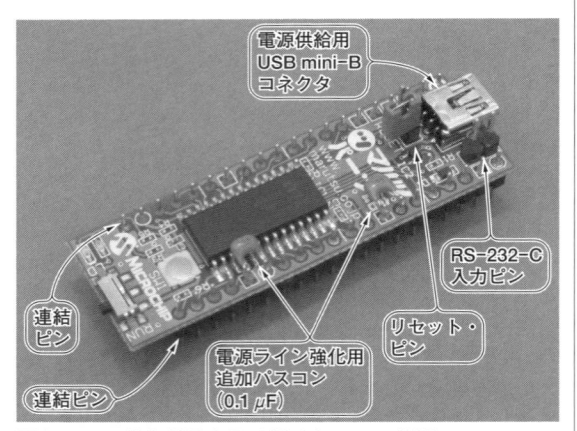

写真10-5　追加部品を取り付けたdsPIC基板

付録トレーニング・ボードの組み立てと使い方

（トランジスタ技術 2007年9月号）

10ページ

2007年8月号のトランジスタ技術には，付属基板を用いるトレーニング・ボード（基板のみ）が付属しました．この回路と部品の実装方法について，写真で詳細に説明しています（**写真10-6**）．また，必要な部品も一覧表で解説しています．

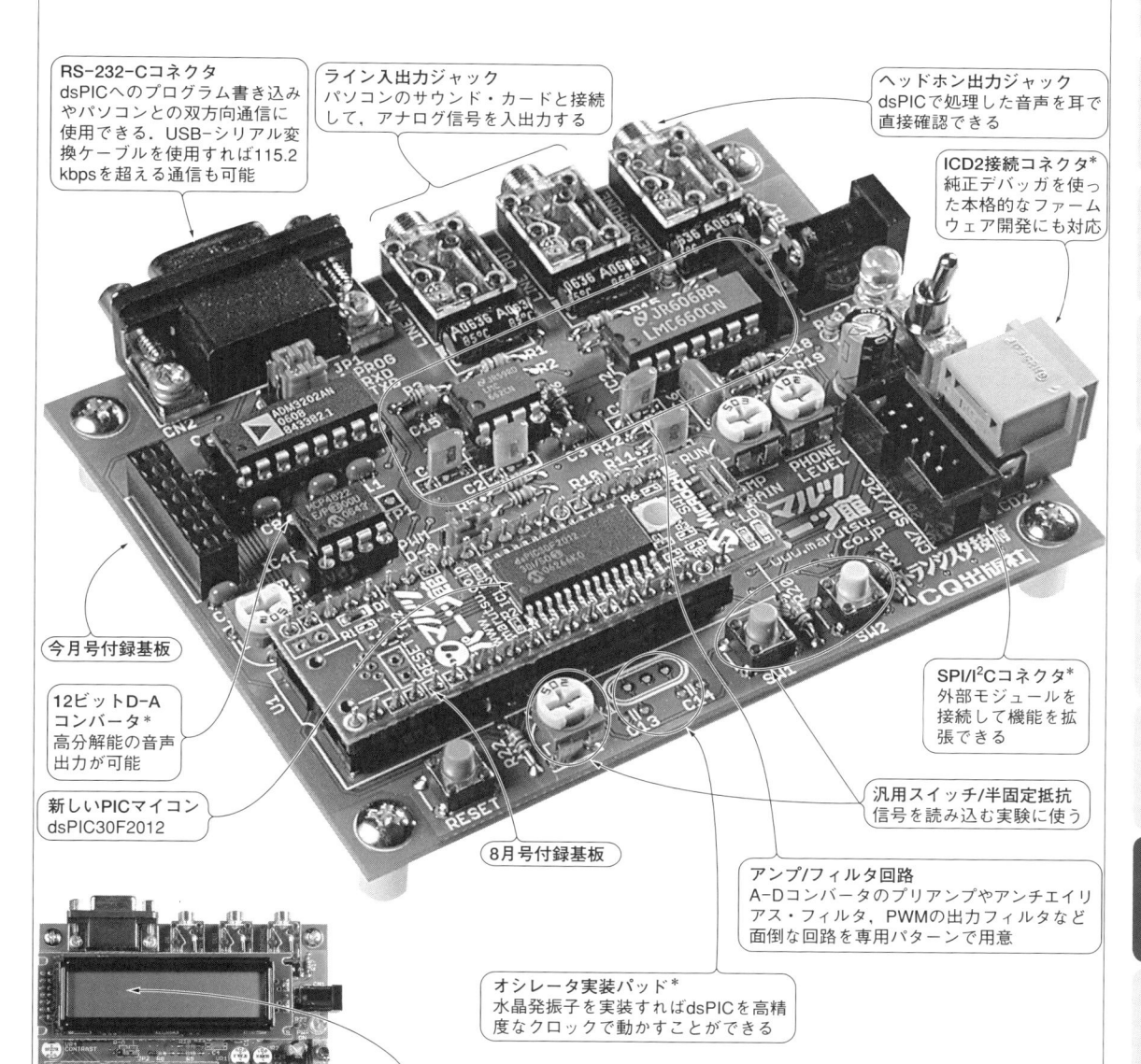

- **RS-232-Cコネクタ**
  dsPICへのプログラム書き込みやパソコンとの双方向通信に使用できる．USB-シリアル変換ケーブルを使用すれば115.2kbpsを超える通信も可能

- **ライン入出力ジャック**
  パソコンのサウンド・カードと接続して，アナログ信号を入出力する

- **ヘッドホン出力ジャック**
  dsPICで処理した音声を耳で直接確認できる

- **ICD2接続コネクタ***
  純正デバッガを使った本格的なファームウェア開発にも対応

- **今月号付録基板**

- **12ビットD-Aコンバータ***
  高分解能の音声出力が可能

- **新しいPICマイコン dsPIC30F2012**

- **8月号付録基板**

- **SPI/I²Cコネクタ***
  外部モジュールを接続して機能を拡張できる

- **汎用スイッチ/半固定抵抗**
  信号を読み込む実験に使う

- **アンプ/フィルタ回路**
  A-Dコンバータのプリアンプやアンチエイリアス・フィルタ，PWMの出力フィルタなど面倒な回路を専用パターンで用意

- **オシレータ実装パッド***
  水晶発振子を実装すればdsPICを高精度なクロックで動かすことができる

- **キャラクタLCDモジュールも搭載できる**
  プログラム実行結果や各種パラメータを表示できる．汎用I/O操作も学習できる

注▶ * は特集では使わない部品やパターンです

写真10-6 dsPIC基板用トレーニング・ボード

パソコンから付録基板にデータを転送する

(トランジスタ技術 2008年2月号) 4ページ

dsPIC基板用トレーニング・ボードを使って，RS-232-Cでパソコンと通信する方法について，詳細に解説しています(**写真10-7**)．

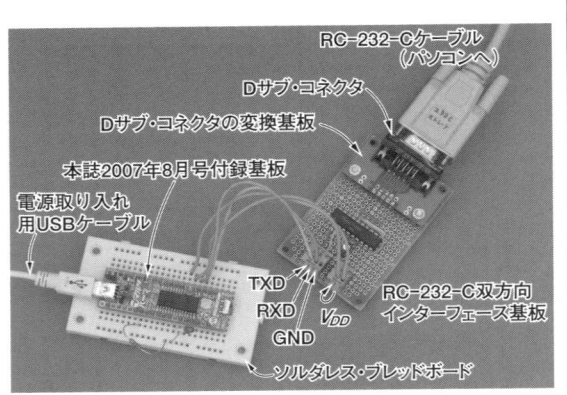

写真10-7 RS-232-C双方向通信の実験

PIC16F84エミュレータの製作

(トランジスタ技術 2009年2月号) 6ページ

CPLDに，PIC16F84の機能を作り込んで高速エミュレーション動作をさせた製作例です．PIC12F508のエミュレータ製作例をベースにして拡張しています．

トレーニング・ボードの製作

(トランジスタ技術 2008年4月号) 10ページ

C言語を使って，dsPICマイコンの開発を行う方法を解説する連載を始めるに当たり，専用の実験ボードを製作しています(**写真10-8**)．

また，基本的なdsPICの内部構成の解説と開発環境の構成方法についても解説しています．

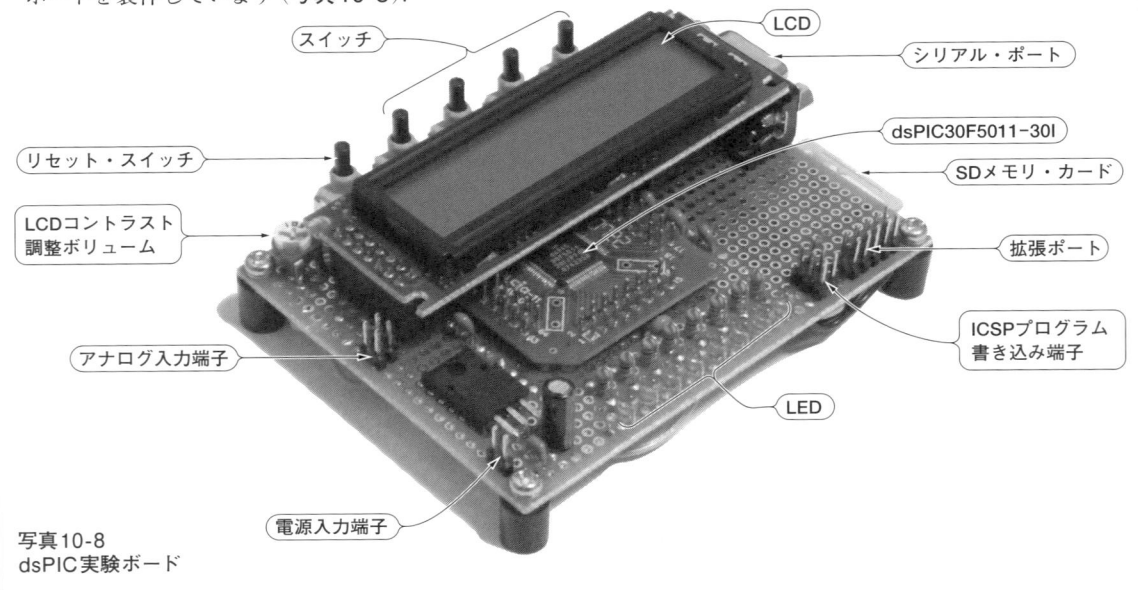

写真10-8 dsPIC実験ボード

ソフトウェア関連開発ツールの製作

言語やデバッガのソフトウェア・ツールの使い方や製作例です．

CCS-Cの概要と開発手順

（トランジスタ技術 2001年8月号） 7ページ

　CCS社のCコンパイラの紹介と，コンパイラの種類と組み込み関数の紹介，さらにMPLAB IDEでの使い方の解説があります．

開発ツールの使い方を身につけよう

（トランジスタ技術 2008年5月号） 8ページ

　2008年4月号のdsPIC実験ボードを使って，C言語でプログラムを開発する際に必要な，開発環境の使い方，書き込みの方法について簡単な例題を使って解説しています．

AVR用&PIC用 タイニー・デバッグ・モニタ

（トランジスタ技術 2002年8月号） 5ページ

　パソコンとシリアル通信で接続して，レジスタやメモリの内容を確認，修正したり，サブルーチン単位で実行させたりすることができるデバッグ・モニタです．PICマイコン用のほか，AVRマイコン用も製作しています．

PIC逆アセンブラ「帝ver.3」の制作

（トランジスタ技術 2002年11月号） 3ページ

　バイナリ・オブジェクトからアセンブラのソース・ファイルを生成できる逆アセンブラのバージョンアップ内容の紹介です．
　バージョンアップは，MPASMのニーモニックとPAアセンブラのニーモニックの両方に対応したことと，フローチャートを生成するようにしたことです．

第11章　PICマイコン入門

仕様の概要から内蔵機能の活用法まで
後閑 哲也

『トランジスタ技術』では，新しいPICマイコンの紹介や，内蔵モジュールの使い方などに関する解説記事などの記事が数多くあります．

本書付属CD-ROMにPDFで収録されているPICマイコンそのもの解説記事の一覧を，**表11-1**に示します．

表11-1　PICマイコン入門記事の一覧（複数に分類される記事は，ほかの章で概要を紹介している場合がある）

記事タイトル	掲載号	ページ数	PDFファイル名
PIC18シリーズのクロック発振回路	トランジスタ技術2001年1月号	4	2001_01_344.pdf
PICマイコンのUSARTモジュール	トランジスタ技術2001年2月号	7	2001_02_330.pdf
PIC16F87xシリーズのタイマ1	トランジスタ技術2001年4月号	5	2001_04_356.pdf
PICマイコンの演算ルーチン	トランジスタ技術2001年6月号	7	2001_06_321.pdf
PIC16F87xシリーズのCCPモジュール	トランジスタ技術2001年7月号	7	2001_07_333.pdf
PIC16F84の扱い方の勘所	トランジスタ技術2002年6月号	6	2002_06_203.pdf
ソフトウェアのトラブル対策	トランジスタ技術2003年9月号	5	2003_09_196.pdf
汎用性を高めたPICマイコンのクロック回路	トランジスタ技術2004年3月号	6	2004_03_270.pdf
ワンチップ・マイコン 活用便利帳	トランジスタ技術2004年10月号	18	2004_10_158.pdf
汎用マイコンのように使えるDSP「dsPIC」誕生	トランジスタ技術2006年10月号	8	2006_10_171.pdf
ソフトウェア屋さんのためのマイコン入門	トランジスタ技術2007年7月号	7	2007_07_199.pdf
マイコン・プログラミングの世界へようこそ！	トランジスタ技術2007年8月号	7	2007_08_098.pdf
C言語によるdsPICのプログラミング	トランジスタ技術2007年8月号	5	2007_08_142.pdf
トレーニング・ボードとパソコンの信号レベルの調整	トランジスタ技術2007年9月号	2	2007_09_134.pdf
生まれ変わったPICマイコン	トランジスタ技術2007年9月号	3	2007_09_111.pdf
固定小数点演算とオーバーフロー	トランジスタ技術2007年9月号	2	2007_09_159.pdf
dsPICでスイッチの状態を読み取る	トランジスタ技術2007年10月号	4	2007_10_226.pdf
割り込み関数を使う	トランジスタ技術2007年12月号	4	2007_12_256.pdf
16ビットPICマイコン PIC24F	トランジスタ技術2008年1月号	9	2008_01_185.pdf
低消費電力マイコン PIC12F629	トランジスタ技術2008年2月号	9	2008_02_184.pdf
入出力ポートでLEDを点滅させる	トランジスタ技術2008年6月号	8	2008_06_177.pdf
PICマイコン 16F84Aほか	トランジスタ技術2008年6月号	1	2008_06_259.pdf
フル・ブリッジPWM機能内蔵の20ピンPIC 16F690	トランジスタ技術2008年7月号	7	2008_07_227.pdf
割り込みを使ってLCDとLEDを動かしてみよう	トランジスタ技術2008年8月号	8	2008_08_194.pdf
タイマを使って時刻を表示してみよう	トランジスタ技術2008年9月号	10	2008_09_208.pdf
A-Dコンバータを使って温度を測ってみよう	トランジスタ技術2008年10月号	9	2008_10_207.pdf
UARTを使ってシリアル通信制御をしてみよう	トランジスタ技術2008年11月号	10	2008_11_201.pdf

記事タイトル	掲載号	ページ数	PDFファイル名
アウトプット・コンペアを使ってパルスを出力してみよう	トランジスタ技術2008年12月号	10	2008_12_203.pdf
インプット・キャプチャを使って入力パルスに応じた制御をしてみよう	トランジスタ技術2009年1月号	8	2009_01_179.pdf
EEPROMを使ってデータを保存してみよう	トランジスタ技術2009年2月号	10	2009_02_213.pdf
SPIを利用してSDメモリーカードにアクセスしてみよう	トランジスタ技術2009年3月号	7	2009_03_223.pdf
マイコンって何？	トランジスタ技術2009年4月号	14	2009_04_084.pdf
マイコン開発ってどうやるの？	トランジスタ技術2009年4月号	11	2009_04_098.pdf
マイコンを使ってLEDをコントロールしてみよう	トランジスタ技術2009年4月号	10	2009_04_109.pdf
マイコンを使ってスイッチを読み取ってみよう	トランジスタ技術2009年4月号	9	2009_04_119.pdf
マイコンを使ってボリュームを読み取ってみよう	トランジスタ技術2009年4月号	8	2009_04_128.pdf
タイマ・モジュールを使ったストップウォッチの製作	トランジスタ技術2009年4月号	12	2009_04_136.pdf
マイコン・プログラミングのためのC言語入門	トランジスタ技術2009年4月号	6	2009_04_148.pdf
ΔΣ変調器によるDACの出力ノイズ抑圧法	トランジスタ技術2009年4月号	10	2009_04_162.pdf
内部機能を活用した多機能ディジタル温度計の製作	トランジスタ技術2009年5月号	8	2009_05_195.pdf
最新32ビットPICマイコンの実力	トランジスタ技術2009年7月号	11	2009_07_170.pdf
PICマイコンを使った"静電容量計"の製作	トランジスタ技術2009年8月号	10	2009_08_143.pdf
すぐに使えるマイコン＆ディジタル回路	トランジスタ技術2009年10月号	24	2009_10_052.pdf
定番8ビットPICの後継 PIC16F1827を試す	トランジスタ技術2010年6月号	8	2010_06_160.pdf
5.5 V定格のICに12 Vが加わる?!	トランジスタ技術2010年7月号	2	2010_07_222.pdf

PICマイコンの紹介

新製品などの紹介記事です．また，マイコンを特殊な機能を果たすワンチップ・マイコンのようにして使う方法も解説されています．

汎用マイコンのように使えるDSP「dsPIC」誕生

（トランジスタ技術 2006年10月号） 8ページ

　dsPICの紹介記事です．dsPIC30とdsPIC33の違いとdsPIC30の内部構成について解説しています．

　また，dsPICのDSP機能を応用した例として，特定話者母音認識装置（おもちゃの音声認識装置）の製作例があります（写真11-1）．

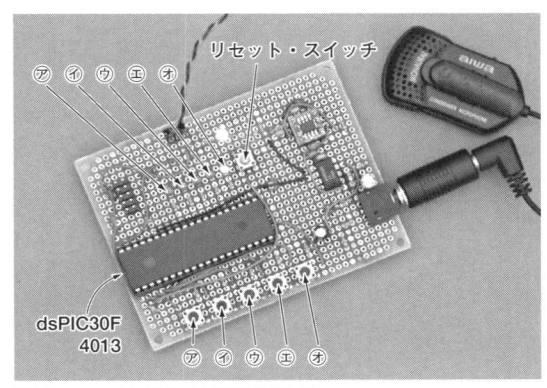

写真11-1　特定話者母音認識装置

16ビットPICマイコン PIC24F

(トランジスタ技術 2008年1月号)

9ページ

　16ビットのPIC24Fファミリの解説です．NTSCビデオを直接出力した製作例があり，NTSCのビデオ信号が詳しく説明されています(**写真11-2**)．また，割り付け機能について解説しています．

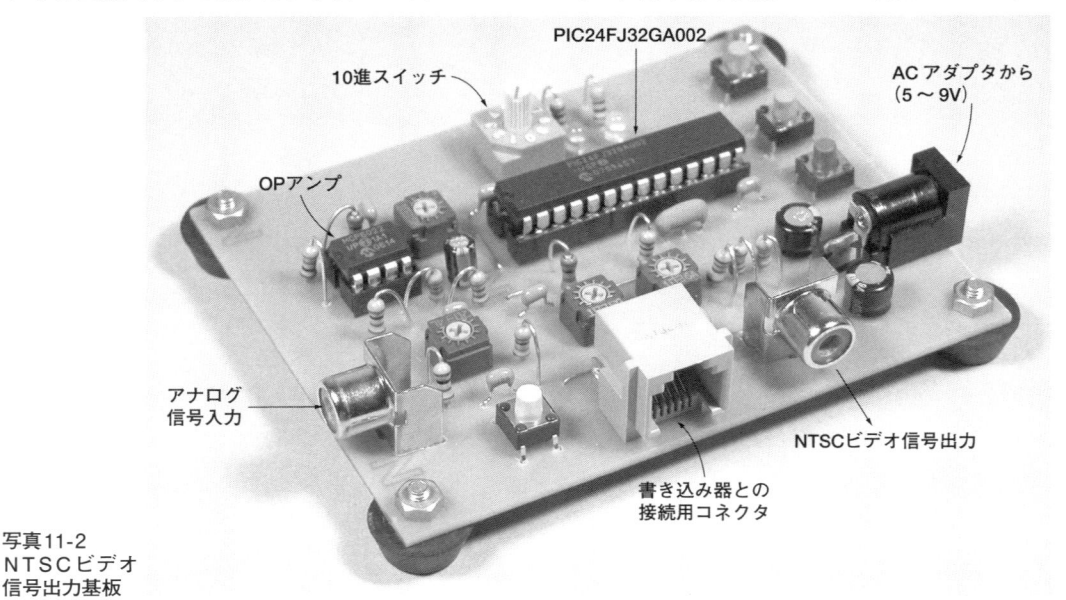

写真11-2
NTSCビデオ
信号出力基板

低消費電力マイコン PIC12F629

(トランジスタ技術 2008年2月号)

9ページ

　PIC12F629の紹介と，ブラウン・アウト・リセット(BOR)機能や無線タグの原理が詳しく解説されています．

　低消費電力の特徴を活かして，バッテリなしの無線タグ・システムを製作しています(**写真11-3**)．

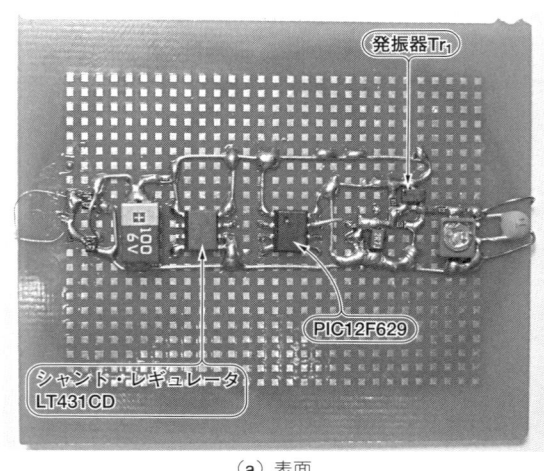

(a) 表面 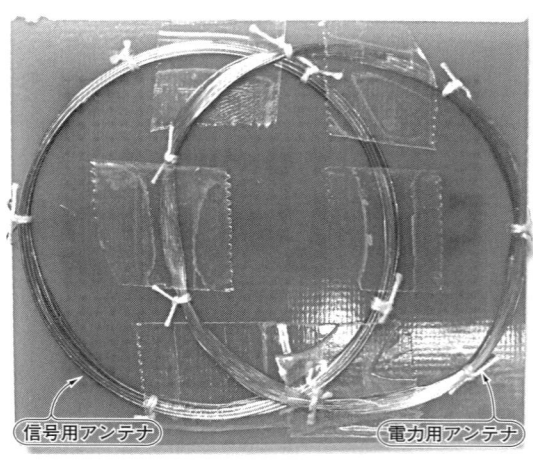　　(b) 裏面

写真11-3　バッテリなしの無線タグ・システム

生まれ変わったPICマイコン

（トランジスタ技術 2007年9月号） 3ページ

　2007年8月号に付属した基板に使われているdsPICについて概説しています．

　主に，従来のPICとの違いを中心に解説しています．処理速度，演算速度，DSP機能，A-Dコンバータについて解説しています．

PICマイコン 16F84Aほか

（トランジスタ技術 2008年6月号） 1ページ

　定番部品としてPICマイコンを紹介している記事です．

フル・ブリッジPWM機能内蔵の20ピンPIC 16F690

（トランジスタ技術 2008年7月号） 7ページ

　フル・ブリッジを構成できるECCPモジュールの使い方の解説です．

　低消費電力を活かしたグラフィックLCD表示の時計の製作例もあります（**写真11-4**）．

写真11-4
グラフィックLCD
表示の時計

最新32ビットPICマイコンの実力

（トランジスタ技術 2009年7月号） 11ページ

　32ビットPICマイコンのアーキテクチャの概要です．

　多機能信号発生器を製作して，その速度の実力を試しています（**写真11-5**）．

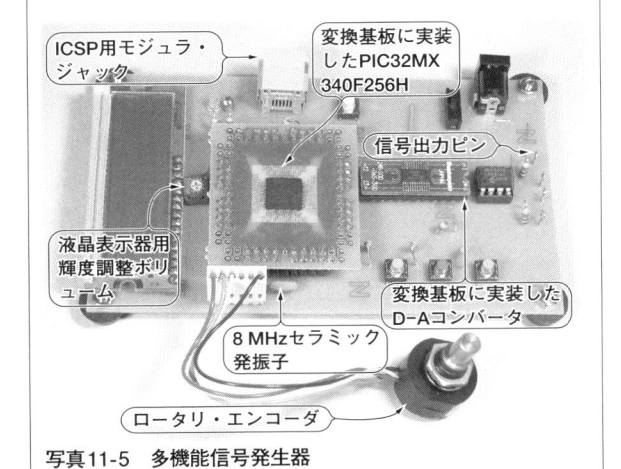

写真11-5　多機能信号発生器

定番8ビットPICの後継PIC16F1827を試す

（トランジスタ技術 2010年6月号） 8ページ

　PICマイコンのF1ファミリの解説です．従来との差異，注意が必要なことなどを説明されています．

　液晶表示器を使った時計を製作し，消費電流の差異などを試しています（**写真11-6**）．

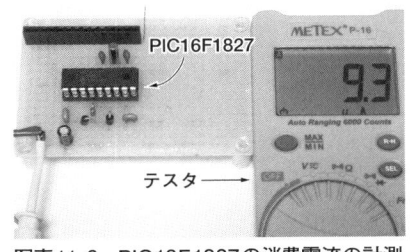

写真11-6　PIC16F1827の消費電流の計測

C言語による dsPICのプログラミング

（トランジスタ技術 2007年8月号）　5ページ

　dsPICを使って，C言語のプログラムを作成する方法の基礎について，実際の例題で解説しています．

ソフトウェア屋さんのための マイコン入門

（トランジスタ技術 2007年7月号）　7ページ

　2007年8月号に付属するdsPIC基板について，基本的な動かし方の解説と，搭載されているdsPICのアーキテクチャの基本について解説しています．

入門記事

　マイコンを初めて使う方に向けた解説記事です．マイコンとはという解説から，最初に始めるプログラミング例としてLEDの点滅を取り上げて解説しています．アセンブラの解説とC言語の解説，いずれも基礎から解説しています．

特集 これなら分かる!! PICマイコン

（トランジスタ技術 2009年4月号）　70ページ

　PICマイコンの特集号で，マイコンとはどんなものかということから，マイコンの開発方法やC言語でのプログラミング方法まで順番に解説しています．

・マイコンって何？（第1章）
　8ビット・マイコンが活躍する用途や，コンピュータとは何か？などをやさしく解説しています．また，使用する教材やPIC マイコンなどについても説明しています．

・マイコン開発ってどうやるの？（第2章）
　PICマイコンを例として，マイコンの開発の手順やツールをやさしく解説しています．

・マイコンを使ってLEDをコントロールしてみよう（第3章）
　開発環境を理解したところで，最も基本となるLEDの点滅のプログラムをブレッドボードで作成したハードウェアで試しています．I/Oピンの基本動作の解説をしています．

・マイコンを使ってスイッチを読み取ってみよう（第4章）
　PICマイコンの入力制御方法の解説です．スイッチの読み込み方法やチャタリングの防止方法などを解説しています．

・マイコンを使ってボリュームを読み取ってみよう（第5章）
　PICマイコンのアナログ信号の入力方法，A-Dコンバータの使い方を解説しています．

・タイマ・モジュールを使ったストップウォッチの製作（第6章）
　タイマの使い方の解説をしています．簡単な応用例として，7セグメントLEDをダイナミック点灯させるストップウォッチのハードウェアとプログラムの作り方を解説しています．

・マイコン・プログラミングのためのC言語入門（第7章）
　PICマイコンのプログラムをC言語で行う場合に必要な最小限のC言語の使い方の解説をしています．

内蔵機能の使い方

PICマイコンに含まれる内蔵モジュールや，割り込みなどの使い方を解説した記事です．内部構成から動作まで詳細に解説されています．特にdsPIC特集号があったため，dsPICの使い方に関する記事が多くなっています．

PIC18シリーズのクロック発振回路

（トランジスタ技術 2001年1月号） 4ページ

　PIC18シリーズのクロックの仕様と供給方法の解説です．各種の発振モードごとの使い方と，クロック切り替え機能，スリープ時の動作などが説明されています．

PICマイコンのUSARTモジュール

（トランジスタ技術 2001年2月号） 7ページ

　シリアル通信用のモジュールであるUSARTの構成と使い方について詳しく解説しています．また，実際のサンプル・プログラムでプログラミング方法も説明しています．

PIC16F87xシリーズのタイマ1

（トランジスタ技術 2001年4月号） 5ページ

　PICマイコンに内蔵されている各タイマの構成と使い方を，詳しく解説しています．実際の回路例とそのプログラミング方法についても説明しています．

PIC16F87xシリーズのCCPモジュール

（トランジスタ技術 2001年7月号） 7ページ

　PWM信号を生成することができるCCPモジュールについて，その内部構成と動作を詳細に解説しています．実際のプログラミング例で具体的な使い方を説明しています．

PICマイコンの演算ルーチン

（トランジスタ技術 2001年6月号） 7ページ

　PICマイコンで乗算，除算，BCD変換をするプログラムについて，動作を詳細に解説しています．また，実際の回路で演算ルーチンを使った例を解説しています．

PIC16F84の扱い方の勘所

（トランジスタ技術 2002年6月号） 6ページ

　PIC16F84を使うときに戸惑う内容について，具体的な例で使い方を解説しています．また，プログラミング・テクニックとして，テーブルの使い方やEEPROMの読み書き，割り込み処理の作り方などが解説されています．

ソフトウェアのトラブル対策

（トランジスタ技術 2003年9月号）　5ページ

　PICマイコンのプログラム開発時に遭遇しやすい諸症状について，具体的な例で問題の原因と解決方法を解説しています．

ワンチップ・マイコン 活用便利帳

（トランジスタ技術 2004年10月号）　18ページ

　マイコンを使った基本のプログラム・モジュールの解説です．PICマイコンのタイマ，A-Dコンバータ，シリアル通信，入出力モード設定，セグメントLED制御，モータ制御などのプログラム例が解説されています．

汎用性を高めた PICマイコンのクロック回路

（トランジスタ技術 2004年3月号）　6ページ

　定番の回路例として，マイコンのクロック回路，リアルタイム・クロック，USBコントローラの回路例を具体的な例で解説しています．

固定小数点演算とオーバーフロー

（トランジスタ技術 2007年9月号）　2ページ

　dsPICで使う固定小数演算の動作とオーバーフローの扱い方について，DSP関数を例に詳しく解説しています．

dsPICでスイッチの状態を読み取る

（トランジスタ技術 2007年10月号）　4ページ

　dsPICにスイッチを接続して使う方法を，回路の基本からプログラミング方法まで詳しく解説しています．

内部機能を活用した多機能ディジタル温度計の製作

（トランジスタ技術 2009年5月号）　8ページ

　C言語を活用した製作例として，温度計を製作しています（写真11-7）．

　計測にはA-Dコンバータ，レベル表示と液晶表示でディジタル入出力，タイマで時刻カウント，SPIでSDカードを接続して記録，EEPROMで現状設定保存，UARTでパソコンにデータ送信と，内蔵モジュールをフルに活用しています．

割り込み関数を使う

（トランジスタ技術 2007年12月号）　4ページ

　dsPICのタイマと割り込みを使って圧電ブザーを鳴らす方法について，基礎から解説しています．

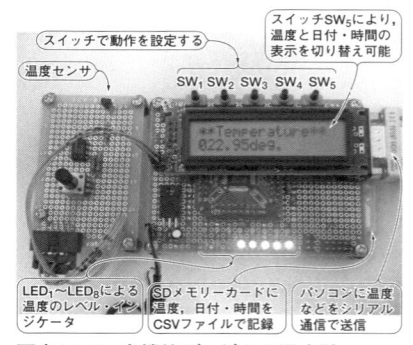

写真11-7　多機能ディジタル温度計

ΔΣ変調器によるDACの出力ノイズ抑圧法

(トランジスタ技術 2009年4月号)　10ページ

　ΔΣ変調器をD-Aコンバータに応用した例です．ΔΣ変調の解説とローパス・フィルタの作り方を解説しています．さらに，dsPICを使った実験回路で実際に動作させ，特性の解析まで行っています．

5.5 V定格のICに12 Vが加わる?!

(トランジスタ技術 2010年7月号)　2ページ

　PICマイコンを使ったときの失敗例の紹介です．MCLRピンのリセットを，ほかのICのリセットと共用した場合に，PICマイコンの書き込み時に12Vの電圧が加わるため，接続したICに問題が発生することがあることと，その解決方法を解説しています．

PICマイコンを使った"静電容量計"の製作

(トランジスタ技術 2009年8月号)　10ページ

　CTMUを使ったコンデンサ容量計と，CSMを使ったタッチ・スイッチの製作例です(写真11-8)．
　CTMUモジュールとCSMモジュールの使い方を解説しています．タッチ・スイッチの動作原理の解説もあります．

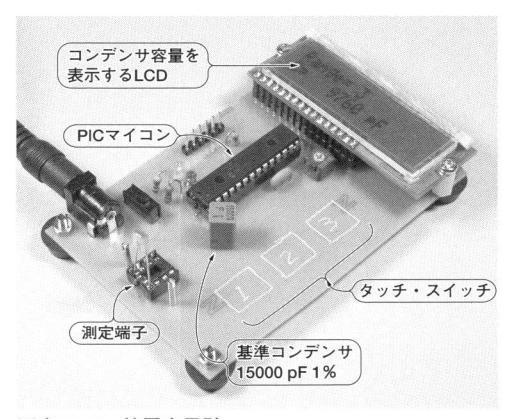

写真11-8　静電容量計

連載 Cによるマイコン操作術

(トランジスタ技術 2008年4月号～2009年5月号)　120ページ

　C言語によるPICマイコンの周辺機能の制御方法や設計事例を解説した連載です．以下の回では，PICマイコンの周辺機能について詳しく説明しています．

・入出力ポートでLEDを点滅させる(第3回：2008年6月号)

　dsPICのI/Oポートの動作の基本を解説しています．

・割り込みを使ってLCDとLEDを動かしてみよう(第5回：2008年8月号)

　dsPICの割り込みの基本を解説しています．

・タイマを使って時刻を表示してみよう(第6回：2008年9月号)

　→第4章参照．

・A-Dコンバータを使って温度を測ってみよう(第7回：2008年10月号)

　dsPICのA-Dコンバータ・モジュールの使い方を詳しく解説しています．

・UARTを使ってシリアル通信制御をしてみよう(第8回：2008年11月号)

　→第8章参照．

・アウトプット・コンペアを使ってパルスを出力してみよう(第9回：2008年12月号)

　アウトプット・キャプチャ・モジュールの解説と使い方の説明です．

・インプット・キャプチャを使って入力パルスに応じた制御をしてみよう(第10回：2009年1月号)

　インプット・キャプチャ・モジュールの解説と使い方の説明です．製作例としてUARTのボーレートの自動検出と設定を解説しています．

・EEPROMを使ってデータを保存してみよう(第11回：2009年2月号)

　dsPICの内蔵データEEPROMの使い方の説明です．

・SPIを利用してSDメモリーカードにアクセスしてみよう(第12回：2009年3月号)

　SPI通信の概要とSPIモジュールの使い方の解説です．SPIによるSDカードとのインターフェースの製作例です．さらにFATファイル・システムについても詳しく解説しています．

第12章 ハードウェア設計の基礎

周辺回路で使う部品の基礎と設計事例

後閑 哲也

『トランジスタ技術』では，マイコン周辺回路で使う部品の使い方やノウハウの記事が数多くあります．これらの中には，回路設計の基本の解説だけでなく，PICマイコンの回路設計でポイントとなる回路部の考え方などが詳しく解説されているものもあります．

本書付属CD-ROMにPDFで収録されているハードウェア設計の基礎解説関連記事の一覧を**表12-1**に示します．

表12-1 ハードウェア設計の基礎解説関連記事の一覧（複数に分類される記事は，ほかの章で概要を紹介している場合がある）

記事タイトル	掲載号	ページ数	PDFファイル名
第4回PICマイコン・デザイン・コンテスト表彰式レポート	トランジスタ技術2001年3月号	3	2001_03_340.pdf
シリアルEEPROMの実用知識	トランジスタ技術2002年1月号	6	2002_01_193.pdf
第5回PICマイコン・デザイン・コンテスト表彰式レポート	トランジスタ技術2002年3月号	3	2002_03_297.pdf
第6回PICマイコン・デザイン・コンテスト表彰式リポート	トランジスタ技術2003年6月号	3	2003_06_267.pdf
PICマイコンの内蔵A-Dコンバータのトラブル解決記	トランジスタ技術2003年11月号	5	2003_11_234.pdf
汎用性を高めたPICマイコンのクロック回路/便利なリアルタイム・クロックICとマイコンの接続回路（3題）/転送速度別USBコントローラICを使用した回路例（3題）	トランジスタ技術2004年3月号	6	2004_03_270.pdf
PICのEEPGDビットと入力ロジック・レベルの怪	トランジスタ技術2005年7月号	5	2005_07_279.pdf
マイコン周辺の電子部品選び コモンセンス	トランジスタ技術2005年8月号	11	2005_08_123.pdf
電池脱着時のリセット・トラブル対策	トランジスタ技術2005年11月号	4	2005_11_269.pdf
発振/信号生成用ワンチップ	トランジスタ技術2008年1月号	8	2008_01_108.pdf
大きな出力抵抗の信号をマイコンのA-Dに取り込む	トランジスタ技術2008年10月号	1	2008_10_266.pdf
すぐに使えるマイコン&ディジタル回路	トランジスタ技術2009年10月号	24	2009_10_052.pdf
PICマイコンで作るPLL用位相比較器	トランジスタ技術2010年1月号	5	2010_01_217.pdf
加速度センサでスポーツ解析	トランジスタ技術2010年10月号	8	2010_10_172.pdf
通信線1本で100kbps！EEPROM 11LC/11AAファミリ	トランジスタ技術2010年12月号	5	2010_12_196.pdf

PICマイコン・デザイン・コンテスト

（トランジスタ技術 2001年3月号，2002年3月号，2003年6月号） **各3ページ**

- 第4回PICマイコン・デザイン・コンテスト表彰式レポート
- 第5回PICマイコン・デザイン・コンテスト表彰式レポート
- 第6回PICマイコン・デザイン・コンテスト表彰式レポート

マイクロチップ・テクノロジー・ジャパン主催のマイコン・コンテストのレポート記事です（**写真12-1**）．

写真12-1 PICマイコン・デザイン・コンテスト

シリアルEEPROMの実用知識

（トランジスタ技術 2002年1月号） **6ページ**

不揮発性メモリの解説とシリアルEEPROMの実際の使い方を具体的な例で解説しています．PICマイコンとのインターフェース例が紹介されています．

PICのEEPGDビットと入力ロジック・レベルの怪

（トランジスタ技術 2005年7月号） **5ページ**

PIC16F84とPIC16F87xのEEPROMの動かし方に違いがあることを詳しく解説し，具体的な例でプログラミング方法を解説しています．

PICマイコンの内蔵A-Dコンバータのトラブル解決記

（トランジスタ技術 2003年11月号） **5ページ**

A-Dコンバータを使う場合に見落としがちな問題として，デバイスが異なるとA-Dコンバータの動作も異なることを解説，基準電圧の決め方が重要であることを解説しています．

大きな出力抵抗の信号をマイコンのA-Dに取り込む

（トランジスタ技術 2008年10月号） **1ページ**

大きな出力抵抗を持つ信号を，マイコンのA-Dコンバータに接続できるようにする具体的な方法を解説しています．

PICマイコン製作記事全集

マイコン周辺の電子部品選びコモンセンス

（トランジスタ技術 2005年8月号）　11ページ

マイコン回路に必要な電子部品として，抵抗とコンデンサ，振動子，スイッチ，コネクタなどの選択方法についてPICマイコンの回路を例に詳しく解説しています（**写真12-2**）．

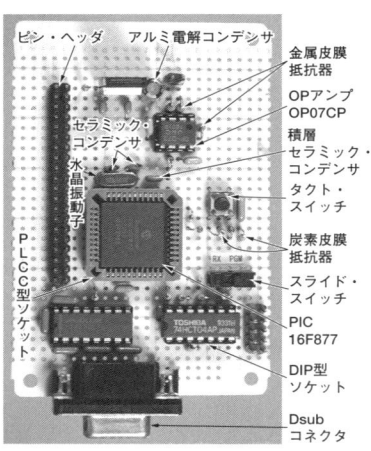

写真12-2　例題のマイコン・ボード

電池脱着時のリセット・トラブル対策

（トランジスタ技術 2005年11月号）　4ページ

電池を抜き差しする際に発生するEEPROMの不正書き込み，動作異常などの問題の原因の解説と，解決方法について，リセットが重要であることを詳しく解説しています．対策装置としてリセット治具を製作しています（**写真12-3**）．

写真12-3　リセット治具

発振/信号生成用ワンチップ

（トランジスタ技術 2008年1月号）　8ページ

マイコンを使ったいろいろな発振器の解説記事です．
PICマイコンを使った事例には，以下のようなものがあります．
- 32 k～20 MHzのクロック発生用IC
- パソコン制御の8 Hzから25 kHz方形波発生IC（**写真12-4**）
- 音の強弱と長さを設定できるメロディIC

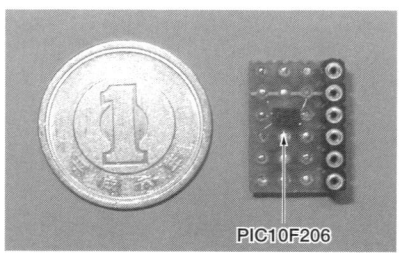

写真12-4　方形波発生基板

すぐに使えるマイコン&ディジタル回路

（トランジスタ技術 2009年10月号）　24ページ

マイコンを使った多くの回路例を紹介しています．電源や周辺回路の回路例も紹介されています．
PICマイコンを使った事例には，以下のようなものがあります．
- PICマイコンを使ったキー・マトリクス回路
- PICマイコンとシフトレジスタを使ったスイッチ入力回路
- PICマイコンを使った7セグメントLED点灯回路
- PICマイコンを使った7セグメントLEDのダイナミック点灯回路
- LCDモジュールの4ビット・モード基本接続回路
- PICマイコンとパソコンを手軽につなぐRS-232-C通信回路
- PICマイコンのPWM出力を使ったオーディオ出力回路

PICマイコンで作る PLL用位相比較器

(トランジスタ技術 2010年1月号)　5ページ

　PICマイコンをPLL用のICとして使う方法の解説です．AMラジオ用の局部発振器を製作しています（**写真12-5**）．

　CCPモジュールをコンペア・モードで使った分周器も組み込んでいます．

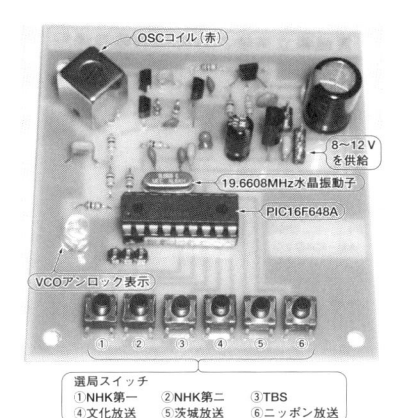

写真12-5　AMラジオ用の局部発振器

加速度センサでスポーツ解析

(トランジスタ技術 2010年10月号)　8ページ

　加速度センサの使い方と，人間の動きを測るために必要な加速度センサについて解説しています．加速度データ・ロガーを製作しています（**写真12-6**）．

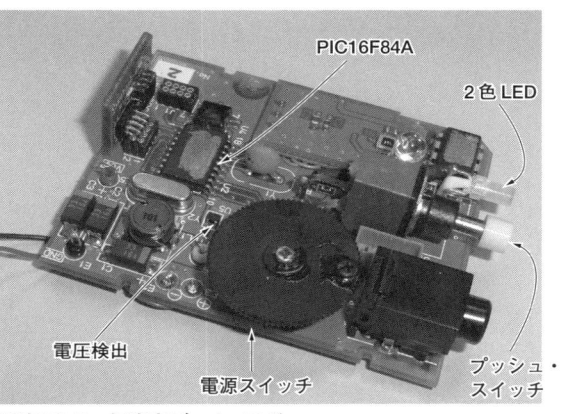

写真12-6　加速度データ・ロガー

通信線1本で100kbps！EEPROM 11LC/11AAファミリ

(トランジスタ技術 2010年12月号)　5ページ

　マイクロチップ社のUNI/OインターフェースのEEPROMの紹介です．UNI/Oインターフェースの解説があります．

　実際の使用例として，EEPROM書き込み器を製作しています（**写真12-7**）．

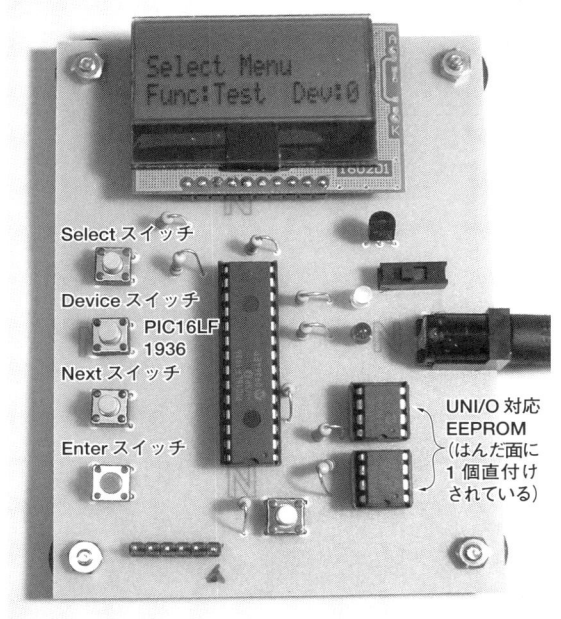

写真12-7　EEPROM書き込み器

- ●**本書記載の社名，製品名について** ── 本書に記載されている社名および製品名は，一般に開発メーカーの登録商標または商標です．なお，本文中では™，®，©の各表示を明記していません．
- ●**本書掲載記事の利用についてのご注意** ── 本書掲載記事は著作権法により保護され，また産業財産権が確立されている場合があります．したがって，記事として掲載された技術情報をもとに製品化をするには，著作権者および産業財産権者の許可が必要です．また，掲載された技術情報を利用することにより発生した損害などに関して，CQ出版社および著作権者ならびに産業財産権者は責任を負いかねますのでご了承ください．
- ●**本書付属のCD-ROMについてのご注意** ── 本書付属のCD-ROMに収録したプログラムやデータなどは著作権法により保護されています．したがって，特別の表記がない限り，本書付属のCD-ROMの貸与または改変，個人で使用する場合を除いて複写複製（コピー）はできません．また，本書付属のCD-ROMに収録したプログラムやデータなどを利用することにより発生した損害などに関して，CQ出版社および著作権者は責任を負いかねますのでご了承ください．
- ●**本書に関するご質問について** ── 文章，数式などの記述上の不明点についてのご質問は，必ず往復はがきか返信用封筒を同封した封書でお願いいたします．勝手ながら，電話でのお問い合わせには応じかねます．ご質問は著者に回送し直接回答していただきますので，多少時間がかかります．また，本書の記載範囲を越えるご質問には応じられませんので，ご了承ください．
- ●**本書の複製等について** ── 本書のコピー，スキャン，デジタル化等の無断複製は著作権法上での例外を除き禁じられています．本書を代行業者等の第三者に依頼してスキャンやデジタル化することは，たとえ個人や家庭内の利用でも認められておりません．

JCOPY 〈（社）出版者著作権管理機構委託出版物〉
本書の全部または一部を無断で複写複製（コピー）することは，著作権法上での例外を除き，禁じられています．本書からの複製を希望される場合は，（社）出版者著作権管理機構（TEL：03-3513-6969）にご連絡ください．

CD-ROM付き

本書に付属のCD-ROMは，図書館およびそれに準ずる施設において，館外へ貸し出すことはできません．

PICマイコン製作記事全集 [1500頁収録CD-ROM付き]

編　集	トランジスタ技術編集部	2013年9月1日　初版発行
発行人	寺前　裕司	2015年8月1日　第2版発行
発行所	CQ出版株式会社	©CQ出版株式会社 2013
	〒112-8619　東京都文京区千石4-29-14	（無断転載を禁じます）
電　話	編集 03-5395-2123	定価は裏表紙に表示してあります
	広告 03-5395-2131	乱丁，落丁本はお取り替えします
	販売 03-5395-2141	編集担当者　西野　直樹
振　替	00100-7-10665	DTP・印刷・製本　三晃印刷株式会社
		表紙・扉・目次デザイン　近藤企画　近藤　久博

ISBN978-4-7898-4570-0
Printed in Japan